王芸 ————— 编著

心理
操控术

PSYCHOLOGICAL
MANIPULATION TECHNIQUES

中国出版集团
中译出版社

图书在版编目（CIP）数据

心理操控术／王芸编著.—北京：中译出版社，
2020.1（2024.4重印）

ISBN 978－7－5001－6167－7

Ⅰ.①心… Ⅱ.①王… Ⅲ.①心理学－通俗读物
Ⅳ.①B84－49

中国版本图书馆 CIP 数据核字（2020）第 002353 号

心理操控术

出版发行／中译出版社
地　　址／北京市西城区普天德胜大厦主楼 4 层
电　　话／（010）68359376　68359303　68359101　68357937
邮　　编／100044
传　　真／（010）68358718
电子邮箱／book@ctph.com.cn

责任编辑／范　伟
封面设计／仙　境

规　格／880 毫米×1230 毫米　1/32
印　张／6
字　数／150 千字

印　　刷／三河市刚利印务有限公司
经　　销／新华书店

版　次／2020 年 1 月第 1 版
印　次／2024 年 4 月第 3 次

ISBN 978－7－5001－6167－7　　　定价：39.80 元

前　言

朋友，你是否玩过扑克牌？

所有玩牌的老手们通常都知道，鉴别每个人不同的玩牌习惯、玩牌动作，往往有利于自己分析对手的玩牌心理，从而战胜自己的对手。

就像"赌神"总是习惯于把玩自己的戒指，习惯于吃巧克力，等等，每个人都有自己的习惯性言语和行为，关键要看我们能不能从中解读它所传递出来的信息，并有效加以应用。

事实上，如果能够根据人们的各种言行，了解其背后的心理意图，并进行有效干预，使其下一步行为朝着我们希望的方向发展，那么，成功不属于你还能属于谁呢？

利用行之有效的方法从心理层面去影响与控制他人，避免正面的攻击和对抗，是一门高超的心理战术。

为了满足现代人生存和竞争的需要，避免交往中的误会和失望，怎样从"心理层面"去影响、驾驭和改变你周围的人，这是人们普遍关心的问题。

对心理操控术进行研究之后，我们不仅能够了解别人的思想，操控别人的心理，而且能够从专业角度对自己的言行加以调节，使自己能更好地适应各种环境，在人际交往中拔得头筹。

读者朋友，日常生活中你是否也有这样的疑问：为什么我总是处于被动局面？为什么我总是受制于人？

如果真有，那请你好好阅读手中的这本《心理操控术》吧，相信阅读过后，你定能有所收获。

本书利用心理操纵的战术，告诉你如何掌握对方的心理变化、如何操纵对方的情感，等等。只要你巧妙地运用这些方法，就能够按照自己的意愿操纵对方，从而达到你所想要的目的。

作者

目 录

第七章　要操控人心，更要赢得人心

第一章
要想操控人心，必先读懂人心

人类心灵深处，有许多沉睡的力量；唤醒这些人们从未梦想过的力量，巧妙运用，便能彻底改变一生。

——澳瑞森·梅伦

对生活环境进行控制的努力几乎渗透于人一生中的所有行为之中，人越能够对生活中的有关事件施加影响，就越能够将自己按照自己喜爱的那样进行塑造。相反，不能对事件施加影响会对生活造成不利的影响，它将滋生忧惧、冷漠和绝望。

——班杜拉

用人需要识人

中国最早的杰出军事家和思想家吕尚在《六韬·龙韬》篇中强调，能否认识人才并善用之，关系到整个军队的命运。

世界是人的世界，想要读懂世界，先要读懂人。成大事者都知道，自己成长的真正土壤就是集体，所以他们走上社会之前先学习如何识人。读透人心是他们成功的重要法宝。

在我国历史上，历代思想家、政治家都认识到"为政之要，唯在得人"，发出了"千军易得，一将难求"的感叹。这不仅是看重军事人才在决定战争胜败、国家兴亡中的重要地位和作用，同时也是对知人识人不易的感慨。因此，所有成大器者，没有不会看人识人的，他们不是知人识人的专业研究员，也是深有资历的识人专家。

曹操既是一位著名的政治家、军事家，又堪称我国古代的用人高手。他不仅在实践中广招贤才，形成谋士如云、战将如林的鼎盛局面，而且他对人才问题进行了较系统的研究和总结，在我国古代的人才思想上有所建树。"山不厌高，海不厌深；周公吐哺，天下归心"，表达了对贤才的爱慕与思念之情，也体现了当时封建社会明君贤臣对人才地位的重视程度。

具有东方巨人之称的革命先驱孙中山，在40年革命生涯中，始终把人才问题视为关系社会兴衰与事业成败的重要问题。他在1894年致李鸿章书中提出："深维欧洲富强之本，不尽在于船坚炮利、垒固兵强，而在于人能尽其才，地能尽其利，物能尽其用，货能畅其流。此四事者，富强之大经，治国之大本也。"

纵观中国历史，大凡社会动乱、战火四起、军事斗争集中而又突出的时候，合格的人才就特别受到国家和社会的重视。而这些合格的人才就得靠知人识人的本领去物色，因此说，知人识人对国家以及个人的生存，都有重要的意义。中国历史上的"黄金台""招贤榜""求贤令""三顾茅庐"等佳话都流传至今，为人称颂。

古人云："若非先主垂三顾，谁识茅庐一卧龙。"这就是说，若不是刘备三顾茅庐，谁能认识隐居茅庐的诸葛亮。刘备"三顾茅庐"，力请诸葛亮的故事人人皆知。

要建立有利于事业的人际关系，要想有一群利于自己成功的下属，前提就是要知人识人。

不识人，就无法把握人的不同需要，就无法真正驾驭人的内心世界。不识人，就无法使自己在人际关系中占据有利的地位，无法交朋友、防小人，助自己成功。所以说，成事之先要识人，读透人心再出门。

在芸芸众生中"智慧识英雄"，就好比在拉车的骡马中相出骏马，在茫茫大海中捞出含珠大蚌，在石头堆里找出藏光的珍宝，这是何等不易啊！但如果读不懂人性，则可能被奸人蒙蔽，甚至认奸为忠。古代帝王时期不乏这样的例子。

明朝的崇祯皇帝自恃英明，将旨意当真理，视群臣为庸才，或逆臣，一直至死都认为明亡之咎不在己，而是群臣无能。但正是这些似智、似忠的君臣断送了明王朝。

明代严嵩也是这样用心险恶而巧用心术的奸佞人物。

严嵩其人无才略，他最大的本事是巧于戏弄圣上，窃谋权力。

世宗即以信道求仙著名的那位嘉靖皇帝，他虽昏庸，却自以为高明，凡悖其意的，不是廷杖，就是杀戮，对严嵩则另眼相看，因严嵩善写"青词"，并撰文为嘉靖歌功颂德。

严嵩百事顺嘉靖意，照其旨意行事，故得入阁参与政事。

严嵩虽年过六十，但精神焕发，勤于政事，日夜在内阁值班，连家也不回，嘉靖大为赞赏，赐其银记，文曰："忠勤敏达。"

严嵩害人不露痕迹，被害的人甚至不知被谁所害。

凡比己位高的，严嵩表面对他很恭敬，实则暗地害之，取其位而代之。

嘉靖居深宫，大臣难得谒见，只有严嵩可得亲近，旨意由他代下，因此他能一手遮天，权倾天下，结党营私，大受贿赂，成为当时最大的贪官。

严嵩之所以能遂其奸，采取的手法无非是"窥人君之喜怒而迎合之"而已，因而"爱隆于上""毒被天下而上莫知之"。

奸佞难辨是因其心险而术巧，而贤者难识是因其忠心而直率，故不为庸主暴君所喜欢。奸佞之臣总是抓住忠臣的特点，加以利用攻击。古代如此，现代亦不乏欺上瞒下，阳奉阴违，假公济私，报喜不报忧的貌忠实奸之徒。正是因此，好人难识难辨，贤人难知难任。

帝王不能识得奸佞，贻害一国，个人不能读透人心，也会让自己追悔莫及。所以，也可以说，无论国事家事，知人善用才是大事。

自古以来，有所成就的人无不是识人高手，诸葛亮初次见魏延就看出他有反骨，刘备临死尚且叮嘱慎用马谡。

不了解人就不能很好地与人交往，没有很好地与人交往，往往是因为没有真正了解人。

所以，得人之道，在于知人。

只有知人才能善任，因为对一个人了解越深刻，使用起来就越得当。历来人们都认为，帝王之德，莫大于知人。也就是说，帝王的作用，没有比识别人才更重要的了。如果一个国君，有贤不知，知而不用，用而不任，那么这是一个国家不祥之兆的表现。

正因为古今中外的有识之士对识人之重要看得非常之清楚，所以，要想国家繁荣富强，人民安居乐业，领导者就不能不知人。

上至国君，下至百姓，知人识人才能为人为政畅通无阻。如果对周边的人群一无所知，为政人员没有大局意识……长此以往，即便有群众也不一定能生存下去，因此有"水可载舟，亦可覆舟"之说，现实生活中的人不能不重视。

知人善任，知人是用人的前提，不知人，就不能用人。

人的识别，是对人的觉悟、品质、知识、工作能力、性格、精力状况等方面，进行全面的历史考察与评价。"知人"既是人才管理的重要内容，又是对人合理评价和科学管理的前提条件。

可以说，知人是坚持公道正派、任人唯贤的基本保证。没有识人的"慧眼"，"近己之好恶而不自知"，就不能坚持公道正派、任人唯贤的原则。知人也是对人才实施科学管理的重要环节。知人是做到人尽其才、才尽其用的必不可少的环节，同时也是激励人才奋发进取的有效措施。

刘邦的长处是善于知人用人，大胆从基层中提拔人。陈平的重用就是其中一例，刘邦看中陈平的长处，因此，没有猜疑他是归降之臣而重用之。等到周朝大臣谗言毁之时，刘邦却深明用人之道，不予理会，对陈平厚加赏赐，擢升为护军中尉，监察全体官兵。从此，诸将再不敢谗毁陈平。

刘邦如此重用陈平，足见他的确是善于知人用人的。而陈平也的确是个奇才，后来刘邦能战胜项羽，处于危急而能转安，以及刘氏政权不被吕氏所夺，陈平出奇计起了重要的甚至是决定性的作用。

艾柯卡在任福特汽车公司总裁时，他的周围聚集了一大批优秀的管理人才。而当他离开福特公司到克莱斯勒公司任董事长时，这批人纷纷拥向克莱斯勒，他们放弃了福特的优厚待遇，谢绝了福特的一再挽留，而甘愿和艾柯卡一起冒风险、尝艰辛。

由此可见艾柯卡的知人善任和人际交往的特殊魅力。艾柯卡说："我设法寻找那些有劲头的人，那样的人不需要多，有25个我就足以管好美国政府。在克莱斯勒，我大约有12个这种人，这些管理人员具有的力量，就是他们懂得如何用人和发动人。"这是他们成功的关键。艾柯卡的才能甚至超出了一个最卓越的企业领导者的范围，以致人们认为他是一个理想的美国总统候选人。

中国历史上的明君唐太宗，他说"何代无贤"，非常值得今天的识才用才者深思、借鉴。

唐太宗之所以使国势欣欣向荣，出现"贞观之治"，就是因为他知人识人的独到本领。因此，能否细致入微观察人，在很大程度上决定着个人的生存。

俗话说："人心难测。""人之难知，不在于贤不肖，而在于枉直。"

即识人的难处，不在于识别贤和不肖，而在于识别虚伪和诚实。人有好人与坏人之分，英雄有真英雄与假英雄及奸雄之分，君子有真君子与伪君子之分。人还可以分为虚伪与诚实，有表面诚实而心藏杀机；有"大智若愚"，即表面看上去是愚笨的样子，实则却是聪明之人；有"自作聪明"而实际是愚人；有当面是人，背后是鬼的两面派。

难怪人们常说，天下者，知人为最难。今天，大家懂得知人之难，就不会对人轻下结论，就不会擅自决定人事，就会更科学地鉴别和使用人才。

"事之至大，莫如知人。"对于领导者来说，"帝王之德，莫大于知人"，没有比识人才更重要的了。一个成功的人士首先必是一个善于识人知人的高手。

所以我们说，成事之先要识人，识人方可兴大事。

不要戴着有色眼镜

我们常听有人说："不要戴着有色眼镜看人。"说话时还是很义愤填膺的样子。其实，仔细一想，大家经常都会戴着有色眼镜看人。因为人是有感情的，每个人都有自己的好恶，有时候我们尽力反对某一个人，其实只有一个原因，就是看他不顺眼。

所以，古人不断地教导我们："勿因人而废言，勿因言而废人。"这句话说说容易，真正做起来是很难的。历史上有多少人都是因为这一点被误了前途。

　　钟馗的故事就是这样：据说钟馗才识过人文采卓越，在进京面圣的时候，皇上因为他相貌丑陋而很不高兴，并将他逐出京城永不录用。钟馗悲愤之下，将诗稿全部焚毁后坠楼自杀。阎王爷怜悯他，任他为百鬼之长。

　　但也有许多因为一时好恶错评而得势的所谓人才。

　　唐高宗时，大臣卢承庆专门负责对官员进行政绩考核。被考核的人中有一名粮草督运官，一次在运粮途中突遇暴风，粮食几乎全被吹光了。卢承庆便给这个运粮官以"监运损粮考中下"的鉴定。谁知这位运粮官神态怡然，一副无所谓的样子，脚步轻盈地出了官府。

　　卢承庆见此，认为这位运粮官有雅量，马上将他召回，随后将评语改为"非力所能及考中"。可是，这位运粮官仍然不喜不愧，也不感恩致谢。

　　原来，这位运粮官早先是粮库的混事儿，对政绩毫不在意，做事本来就松懈涣散，恰好粮草督办缺一名主管，暂时让他做了替补。没想到卢承庆本人恰是感情用事之人，办事、为官没有原则，二人可谓"志趣、性格相投"。于是，卢承庆大笔一挥，又将评语改为"宠辱不惊考上"。

　　卢公凭自己的观感和情绪，便将一名官员的鉴定评语从六等升擢为一等，实可谓随心所欲。这种融入个人爱憎好恶、感情用事的做法，根本不可能反映官员的真实政绩，也失去了公正衡量官员的客观标准，势必产生"爱而不知其恶，憎而遂忘其善"的弊端。这样最容易出现吹牛拍马者围在领导者左右，专拣领导喜欢的事情、话语来迎合领导的趣味和喜好。久而久之，领导者就会凭自己的意志来识别人才，对他有好感的人便委以重任，而对与领导保持距离，给领导印象不深的人，即使真有实才，恐怕也不会被委以重任。

所以说，偏好偏恶对看人识人是片面的，对国家、对事业将会带来不良后果。

最典型的事例要数秦始皇以自己的爱憎标准来判定"接班人"，致使江山断送的那段历史了。

秦始皇偏爱幼子胡亥，偏恶长子扶苏，这与他重法轻儒有关。

秦始皇非常信仰法家学说，他喜读韩非的《孤愤》，是因韩非的思想对他进行统一战争很有作用。

韩非指出，国家强弱的关键在于"以法为教""以吏为师"。由于秦始皇崇信法家思想，蔑视以"仁爱"为核心的儒家思想，更容不得其他思想再存在。

恰恰在这个关键问题上，扶苏与之意见相反，他坚持儒家思想，建议以仁义治国，以德服天下。这引起秦始皇的不满，于是赶扶苏去做监军。

因赵高学法，而赵高又是胡亥之师，所以，秦始皇宠信胡亥。

不可否认，秦始皇以法治国对统一六国是起了决定作用的。但爱憎要实事求是，不能偏好、偏恶。

任何学说，都有其产生的客观原因，有其合理的部分，但都必须随时代的变化、条件的更新而向前发展，或被其他学说所吸引，或兼容并蓄。而秦始皇统一六国后仍严刑峻法，加之私欲膨胀，至胡亥更甚，民不聊生，暴秦终被推翻。

正是秦始皇不讲德治，对长子的直谏，不采其合理之言，反而视为异端，对那些以法为名、实为害民的胡亥、赵高等爱之、用之，使其以谗言陷害扶苏得以夺权篡位，致使秦传至二世而亡。

所以说，识人才，绝不能仅凭自己的爱憎，轻易断言。

在到现实社会中，有些企业管理者总是以感情上的偏好、偏恶来识别人才、选拔人才。对其喜欢的、志趣相投的人，就倍加称赞，即使本事平平，在做喜要的决策时也要把其招来商议。而对不喜欢的人，往往刁难、非议，即使有才干，也看不到，更谈不上重用，最终使有才干的人伤了心，离企业而去。企业的凝聚力是靠人心换来的，人心散了，企业岂能有所发展。

事实上，以自己的偏好来识别人才的管理者大多心态不正，他们为人做事没有原则，习惯感情用事，随心所欲。这样的领导自觉不自觉地以志趣、爱好、脾气相投作为唯一的识才尺度，实际上，这是一种把个人感情置于企业利益甚至社会利益之上的错误做法。

从近处来讲，许多与他志趣不投的有才华之人，他视而不见，感情上有抵触情绪，其结果是使企业的人才流失。

从长远看，以个人的好恶识别人才，没有客观标准，没有原则性。在管理上，就会随心所欲地处理问题，管理制度本身就会失去约束性和原则性，在领导周围就会出现一群投其所好的无能之辈。长此下去，势必会严重影响企业的发展。

知人识人，须把个人的感情置之度外，抛开自己的爱好与兴趣，摘掉有色眼镜，以整体利益为重。

喜爱美好的事物而厌恶丑陋的事物，这是人之常情。如果在观察评价人时不察明他的本质，就有可能忽略了好的方面，而把其缺点当作好的。因为那些从对方不足中仍能看出对方长处的人，认为即使有不足的地方，但仍有称道之处。把对方可称道之处拿来，恰好与自己的长处相投合，于是不知不觉就与对方情投意合，而不觉得对方丑恶了。而好人虽然有长处，却仍有不足之处。能看到对方的缺点，却不能发现自己的长处，只看到对方的长处，却难免因此更加轻视自己的不足。这样两人的志趣不合，就会忽略忘记对方的好处。这是受到个人的好恶之情的干扰而产生的困惑。

战国时卫国有一个臣子叫弥子瑕，因生得俊美而得卫王宠爱。

一次，弥子瑕因母亲急病，私下驾着卫王的马车回家探视。

根据卫国律法，私自动用大王的马车应处以刖型（砍脚）。可是卫王不仅没有处罚他，反而称赞说："弥子瑕真有孝心啊。为了母亲，竟然忘了刖刑！"（似乎是明谋善断的君主，实质上却因个人好恶置法律于不顾，以此治国，恐难持久。）

弥子瑕与卫王一同去游览果园。弥子瑕摘下一个桃子吃了一半，觉得味道很好，便将剩下的桃子献给卫王。卫王高兴地说："弥子瑕真爱我啊。碰到味道好的桃子，就是只剩下一半，也想着献给我。"

后来弥子瑕年老色衰时，就失去了卫王的宠爱，当他因一件小事得罪了卫王时，卫王生气地说："弥子瑕曾私驾寡人的马车，违犯律法；又拿吃剩下的桃子给我，侮慢寡人。贬他。"于是，随即免了弥子瑕的官。

卫王是一个昏君，故如此反复无常。但在这反复中将人性的弱点暴露无遗。

在识人的过程中，足智多谋的曾国藩也犯同样的错误，也曾上当受蒙骗。

曾国藩在与太平军作战，攻克金陵之时，有人自称某部队的校官，前往谒见曾国藩。那人滔滔不绝，高谈阔论，有不可一世的气概，曾国藩很欣赏他。

谈话之中，论及用人必须杜绝欺骗一事时，那人义正词严道："会被欺骗或不会被欺骗，完全看人而定。在下衡量当今的人物，说说自己的看法。像中堂（指曾国藩）的至诚与盛德，他人自然不忍心欺骗；像左宗棠的公正严明，他人也不敢欺骗；至于其他的人，有的别人不欺骗他，他却怀疑别人欺骗他，有的已经被欺骗却还不知受骗。"

曾国藩听完，非常高兴，待之为上宾。

由于一时没有恰当的位置安插他，曾国藩就命他暂时督造炮船。过不了多久，那人就盗领千金逃跑了。

丑事暴露后，部属向曾国藩请示发令捉人。曾国藩沉默很久之后说："算了，不要追了。"部属告退之后，曾国藩不禁自嘲道："他人不忍心欺骗？他人不忍心欺骗？"

曾国藩因为那人一句"像中堂的至诚与盛德，他人自然不忍心欺骗"的谄媚之词，大为受用而重用他，结果一生精通识人之术的曾国藩，却因被灌迷魂汤而栽跟头，好恶之可怕就在此。

摘掉有色眼镜，不要以貌取人。人们通过相貌和表情来了解人，是识人的一种辅助手段。但是，如果把它绝对化，把识人变成以貌取人，就会错识人才，乃至失去人才。前面所讲的钟馗的例子就是一个教训。

古语讲："相由心生。"这是饱含人生经验的一句话。

心志高远的人，面有奋勇之色；心高气傲的人，是旁若无人的神色。但神色与形象美丑却没有直接联系。有的人把相貌美丑作为识人的标准。长得丑、奇形怪状的人，看了便会使人感到心里不舒服，就一下把此人的才能否定了。有的人穿着随便，不注意衣饰外貌。饱学名士张三丰在名声重于武林泰斗之前，人称他"邋遢道人"，就因为他不讲卫生。为什么不讲卫生，这里暂且不去讨论，但他邋遢的外衣下，却有着举世奇绝的胆识气概。

不重外表的人逐渐减少，但长相奇特的人才仍不被赏识，这一点却一直没变。

曹操统一了北方，实际上本还可以轻松地取得四川，那样就会使刘备失去根据地，历史兴许就是另一个模样了。

刘备进四川前，蜀地归刘璋管辖。刘璋是个无能、懦弱的人，他认为四川迟早要被人吞并，因为他手下的人早就各打各的算盘。张松就借去许昌向曹操求援的机会，暗藏一幅四川军事地图，如果曹操看得起他，就把四川拱手让给曹操。

曹操偏偏在这儿犯了一个错误。张松在四川是很有名的人物，但长得很丑，尖头，暴额，牙齿也露出来，短短的，只是声如洪钟。曹操一看这个丑样子，立刻就把脸拉下来了，因为丑，他实在不喜欢，也就对张松很傲慢。

张松一生气，地图不献了，把曹操手下众人羞辱一顿，又迫得曹操毁自己的兵书，扬长而回四川，投靠刘备去了。

曹操是一代雄主，求才若渴，任人唯贤，此时却阴沟里翻船，丢失了大片土地,英雄的愿望也得不到实现。他也称得上雄才大略、英明当世,为挽留住关羽这个蚕眉凤目的美髯英雄,费了那么多的心思。实际上回过头看,即便是留住了关羽,也可能又是多一个徐庶,一言不发,不肯为他效力。就算效力了,以关羽的骄傲,也不会十分听话,更难说以他一人之力能帮曹操打下四川。而曹操嫌张松长得丑,错失了他拱手奉送的军事地图。这一正一反之间的差别,可以掂出以貌取人的错误分量。

可惜曹孟德一世英雄,文武全才,雄心壮志,却因以貌取人,一念之间铸成历史的错误。

不少人读历史,头脑很清醒,而在实际工作中,有几位能如此以史为鉴呢?

摘掉有色眼镜,才能读通人,读透人,读准人。

全方位观察,才能读懂人心

读人千万不要执其一端不见整体,只见树木不见森林。人是一个整体,而且是一个不断变化的整体。看人一定要用全面的、整体的、发展的眼光。

现实生活中,由于种种社会偏见,许多人总是存在把人看扁了、看错了、看死了的现象。分析其原因,就在于不能从整体上知人、看人。所谓从整体上看人,就是要从纵向、横向两个方面,全面、具体地认识一个人。

所谓发展地看问题和看人,就是要"士别三日,即当刮目相看"。

人是会变的，不能用静止的眼光看人，而要用发展的眼光去看人。如果用老眼光去看人，就会把人看错了。不断更新自己的眼光，是知人识人的关键环节。

所谓全面地看人，就是要对一个人的优点和缺点、成绩和错误、长处和短处做全面的考察，不能断章取义，做出盲人摸象的错误行为。

所谓历史地看人，就是不要割断历史看人。一个人的过去、现在、将来，无不对整体的人产生影响，所以只看一个人的现在，而不了解他的过去，或隔断他的将来发展前途，而妄下结论，都是极其错误的。

所谓具体地看人，就是既要看到一个人与其所在群体的共同之处，也要看到这个人特有的个性，对具体的人做具体的分析。

在我们识人的过程中，往往会出现这样的现象，就是以点代面，从而影响对一个人总体形象的认识。"一俊遮百丑""情人眼里出西施"，这种以偏概全，并不能真实地反映一个人的全貌，只有从整体来认识人，才能对一个人有比较全面、深刻、真实的把握和认识。

在现实生活中，人们常常根据印象来识人，如果一个人在初次见面后给人留下了良好的印象，那么，某人是"好人"的印象，就形成对某人以后认识的定型模式，对"好人"所做的坏事就易出现不正视、找理由做出片面或歪曲的反映；同样，如果一个人在初次见面时，给人留下了不好的印象，那么，某人是"坏人"的印象，就形成对其以后认识的定型模式，对"坏人"所做的好事就易出现不正视、找理由做出片面或歪曲的反映。

要正确、科学地知人，就必须从整体知人。疾风知劲草，路遥知马力，烈火识真金，要特别注意人在关键时刻的表现。全面地评价一个人，要把他的各个方面表现、情况联系起来，从整体上把握人的本质和主流。不可抓住一点，不顾其余，一叶障目，不见泰山。不但看人的一时一事，更要看人的全部工作，要发展地看人。人是在实践中不断发展变化的，不可能一成不变，绝不能把人"看死"。要注意人的各方面的动态变化和趋势，看到人的潜力及发展前途。

要正确、科学地识人，从整体识人，就必须注意运用整体性思维方式。调查研究的结果表明，人们，尤其是成年人，大致有两种看人的倾向，一种是以整体而非部分的方式，另一种则是以偏概全。东方人多属于前者，西方人则多属于后者。

这种整体性思维方式，被一些学者看成是中国人的主要思维特点。我们要发扬中国人这种整体性的思维的特有优势，来识别人才、发现人才。所谓整体性的综合思维方式，就是将事物经分析之后的各个部分、方面、层次联系起来，形成一个统一的整体去认识，得出一定的结论性认识。

例如，我们对人的认识，从多角度来认识就会产生不同的结果，如果从上往下看，会把人看矮了；如果从下往上看，会把人看高了；如果从近往远看，会把人看小了；如果从门缝里来看人，会把人看扁了。如果我们把从不同角度看人的结果进行分析综合，就会得到一个符合实际的总体认识。

从整体知人，就是要按人才所构成基本要素的总体来识人。

人才包括德、识、才、学、体五个方面。五者之间相互促进，相互制约，相辅相成，构成一个整体。德，指政治思想、伦理道德与心理品质，德是人才的灵魂；识，指见识；才，指才能；学，指各科知识；体，指身体素质。

我们所要求的人应该是德、识、才、学、体五个方面全面发展的人。但在实际工作中和现实生活中，没有十全十美的全才，领导人只能用其长避其短，做到物尽其用，人尽其才。这也是从整体知人的基本思想。

一个人具备了这一基本思想，才有可能对自己所接触的地方和集体有科学而完整的了解，这对于营造和谐而成功的人际关系至关重要。而人际关系，又是一个人走向成功的重要因素之一，因此学习知人识人就是一个人在寻找成功的财富。

要用完整的思想读人，必须要有江海之度量；用宽容的眼光读人，这样才更容易读出人的优点。

"金无足赤，人无完人"，世界上没有完美无瑕的人。如果以苛求的思想去读人，那就会有失科学性，因为苛求就可能看不到人的优缺点。为此我们在读人的时候，就必须学会用一分为二的方法，分析人的正反两面。

"天生我才必有用"，一般来说，每人都有其所长，也有其所短，如能发掘每个人之所长，则能发现更多的人才；如不见人之所长，只寻人之所短，就会认为人才缺少甚至无才。因此只视人之所短，则不知才；能发现人之所长，则人才络绎不绝。

而能否发现人之所长，以对每个人有个公正的评价，读人者必须抛弃主观情绪，排除个人的爱憎，眼睛不只是向上，不避长短认识他人。能如此，才不会"一叶障目"，众多的人才才会脱颖而出。不避人之长短，这既是读人用人的准则之一，也是事业能否取得成功的一个重要因素。

诸葛亮是刘备的得力军师，可如果让他提刀杀敌就不行了；李逵在水里打不过张顺，但上了岸，张顺又不是李逵的对手。可见，人才虽有所长，也必有所短。而且常常是优点越突出，其缺点也越明显。

大才者常不拘小节，异才者常有怪癖习性，人才与人才之间也常有各种矛盾。但更多表现的是人才的特点。

既是人才，必有其真知灼见，必然对自己的见解充满自信心，因此他们决不肯对世人的每个意见随意附和，而往往坚持已见。

既是人才，忙于求真知干实事，必无时间和精力去搞人事关系，也往往天真不懂人情世故，因此可能不顾世人所看重情面，不分场合秉公直言。

所以，读人首先必须有宽阔的胸怀，要有容纳他人的特点和弱点的度量。否则就难以把一个人看彻底。

《韩诗外传》中有这样一则故事：楚庄王有次开庆功会，叫最喜爱的许姬出来，给大臣们敬酒。忽然一阵狂风把大厅上的蜡烛全吹灭了。

这时，有人趁机拉住许姬的袖子去捏她的手。许姬顺势把那个人帽子上的缨子揪下来，吓得对方立即撒手。

许姬摸到楚庄王跟前，要求查办此人。楚庄王立即大声说："蜡慢着点！都把帽缨子扯下来，开个绝缨会，尽情欢乐。"

许姬不明其意，楚庄王解释道："酒后狂态，乃人之常情，若追查处理，会伤害国士之心，使群臣不欢而散。"

过了两年，楚晋开战，有个叫唐狡的打得特别勇猛。楚庄王问他是为什么这样奋不顾身。此人答道："臣，先殿上绝缨者也。"显然，他为了报答楚庄王当年不查办之恩。

这件事，后人写诗称道："暗中牵袂醉中情，玉手如风已绝缨，尽说君王江海量，蓄鱼水忌十分情。"楚庄王后来称霸中原，其中一个重要原因，就与他的"江海量"有关。

与此相反，聪明睿智的诸葛亮在辅助后主刘禅时，则因过于"明察"而适得其反。魏延"勇猛过人，屡建战功，只因"性矜高"，用而不信，徒失"股肱"之助；廖立的才智与庞统齐名，只因发了点牢骚，即被放逐。当然，这两个人有缺点，但以"不信""放逐"相待，不免有些过分。从容纳他人角度上看，特别是与楚庄王相比，诸葛亮毕竟有些逊色。他死后，蜀国第一个灭亡，似与他在用才上的某些失误有一定关系。对比上述两位历史人物，我们理应得到一定的有益启示。

对于任何人，我们不但要看到其优点，还要包容他的缺点，这可以说是护才之魄。人才大多有不同寻常的真知灼见，某些人一时可能因勇于创新而被视为"异端邪说"，有的甚至会被周围视为有些"胡作非为"。因此，在某些问题上，这些人才可能会与其他人存在某种程度的"对立"。

有的人容易做出超群的成绩，也就难免遭人嫉妒。有的人没有求知欲，却有嫉妒心，他们总是把别人的成功视为自己的陷阱，对同事或朋友不是雪中送炭，而是釜底抽薪。有的人对于原是平起平坐、今日却高己一头的人不服气，不由得在茶余饭后低声亮人家几则旧日的"新闻""老底"，想把风吹到上级耳中，弄得他人真真假假，是非难辨。

此外，一个人本身也不是十全十美的，特别是一个在某方面有特长的人，他可能在另一方面存在着缺点和不足。在这些情况下，知人识人者必须用自己的头脑过滤信息，力排众议，坚定不移地保护人才。而且，无数事实也强有力地证明了，只有"有胆识骏马，无畏护良才"，方能更加全面、细致地识人知人。

以宽容的心态全面地识人，用冷静的眼睛揭开对方的伪装与表象，方能真正地读透人。

《六韬·选将》列举了这样 15 种例子：有的外似贤而不肖；有的外似善良，而实是强盗；有的外貌恭敬，而内实傲慢；有的外似谦谨，而内不至诚；有的外似精明，而内无才能；有的外似忠厚，而内不老实；有的外好计谋，而内乏果断；有的外似果敢，而内实是蠢材；有的外似实恳，而内不可信；有的外似懵懂，而为人忠诚；有的言行过激，而做事有功效；有的外似勇敢，而内实胆怯；有的外表严肃，而平易近人；有的外貌严厉，而内实温和；有的外似软弱、其貌不扬，而内实能干、没有完不成的事。

人就是这样往往表里不一。因此观察一个人，不能只看其表面，要透过其表面现象透视其内心世界，这就是说，要从表到里，看其是否表里如一，才能知其人面，亦知其内心。

做事习惯，反映性格特征

《诸葛亮·知人性》："期之以事而观其信。"意思是说：和他约定事情而察看他是否诚实、守信。

春秋时，赵简子有两个儿子，大的叫伯鲁，小的叫无恤。他在确立继承人时，拿不准选定谁为好。于是，便将写有训诫言辞的两个竹简，分别交给兄弟俩说："要认真地学习牢记。"

三年过去之后，赵简子对兄弟俩进行了一次考问。结果，大儿子伯鲁一问三不知，连竹简也不知丢在什么地方了。而小儿子无恤却背诵得滚瓜烂熟，竹简保存得完好无缺。于是，赵简子认识到小儿子有才德，便将其立为继承人。这就是后来的赵襄子。

"仁、义、礼、智、信"虽然是旧礼教所规定的人们必须奉行的封建道德标准，但任何时候知人识人必须考察和掌握被认知者的诚实可信程度。"言而无信，不知其可。"一个谎话连篇、阳奉阴违、出尔反尔、反复无常的人无论如何是不可依靠的。无论是合作共事还是交友谋才，一个不能真心实意忠于对方的人，任何人都是不应该信任他的，只有经过多次考察，确定是言出必行的人，才是可以信赖的。

秦朝时，张良亡命躲藏在下邳一带。有一天，他信步闲游，路过一座小桥，有个穿黑衣服的老头子来到张良跟前，故意将自己的鞋子踢到桥下，对张良说："孩子，下去替我把鞋拾上来！"

张良很吃惊，本想将这老头殴打一顿，但又看到是个老人，便强忍怒火，下去把鞋拾了回来。

谁知这老头又说："把鞋替我穿上。"

张良觉得既然已把鞋给他拾回来，穿就穿吧，便跪在地上将鞋给他穿上。

老头毫不客气伸着脚让张良穿好后，笑着走了。

张良很惊讶，瞪眼看着老头走去。

老头走出有一里远的地方，又返回对张良说："孺子可教啊！五天之后天亮时，在此等我。"

张良觉得很奇怪，跪着答应说："行。"

五天后天亮时，张良来到那个地方，老头已经先到，很不高兴地对张良说："与老人约定时间相会，为什么要迟到？"说着起身便走，并告诉张良："再过五天早点来会面。"

五天后的鸡鸣时，张良又去那个地方，不想老头又先来了，再次发火对张良说："五天之后再早点来。"

等到第五天时，张良不到半夜就到了那个地方，过了一会儿，老头也来了，高兴地说："应该如此。"并拿出一套书交给张良说："读好这套书，可以做帝王之师。"说罢就走，再也没出现。

张良等到天明看这书，原来是《太公兵法》。

后来，张良投奔刘邦。在楚汉相争中，张良"运筹帷幄之中，决胜千里之外"，为建立汉王朝立下了不朽功勋。

这个故事中的黄石公就是以穿鞋这一件小事，探知张良是个能恭谦下人、礼让老人的人，才赠给他宝书的。

《周书·苏绰传》："彼贤大士之未用也，混于凡晶，竟何以异？要任之以事业，责之以成务，方与彼庸流较然不同。"意思是说：究竟用什么办法才能把有才能的人与庸夫俗子区别开来呢？关键是让他们担任一定的工作，检查他们完成的情况，这样就可以把两者明显不同的地方比较出来。

三国时，庞统带着鲁肃和诸葛亮的推荐信去投奔刘备。但去后他并没有把信先拿出来。

刘备不了解庞统的才能，就把他派到当阳县任县令，庞统到任后，不理政事，终日饮酒作乐。

有人将情况告诉刘备后，刘备就派张飞去察看。

张飞去后，果如所言，就责备庞统说："你终日在醉乡，怎么会不耽误事呢？"庞统便让下面的人把所积公务都拿来，不到半日，便批断完毕，而且曲直分明，毫无差错。

张飞大惊，回去向刘备具说庞统之才。

这时，庞统才将推荐信呈上。信中，鲁肃称赞庞统不是个只能管理小县的人才，建议刘备重用。

诸葛亮这时回来也称庞统是"大贤处小任，以酒糊涂"。

刘备这才认识到庞统的确是个有杰出才能的人，便委以重任，作为诸葛亮的副手，共同参与军机大事。

期之以事，既可通过实践检验一个人的才能和诚信，也可检验自己识人是否准确。

听其言，观其行，方能读懂人心

读人一定要言行相结合，不仅要看他怎么说，更要看他怎么做，有时某些亲眼看到的东西也并不一定正确，而应前前后后调查一番。有的人居心险恶，语言不可信，只可观察其行动。但行动中仍须讲究全面的原则，综合衡量，讲究效果。

特定环境下，有些人虽然做出不该做的事，说了不该说的话，但也不能一棍子打死，否定他的全部成绩和品质。

有一群人在外流浪，想找个托身之地，以施展他们的才华和抱负，但处处遭到拒绝，生活非常艰难，常常饿肚子。有一天他们走进一片荒芜地区，好不容易弄到一袋大米，大伙儿就叫一个忠厚诚实的人烧水做饭。这群人的长者闭目歇坐了一会儿后，就站起来活动筋骨。远远看见那个在大树背后做饭的小伙子正拿着勺子自己抓米饭吃。长者有点难过，一向诚实的人，在危险中就失去了本性。虽然长者并没向其他人提及此事，但他的心中已改变了对那个诚实小伙子的看法。

后来，当这个小伙子在战场上牺牲后，长者重提此事，另一个随行的人告诉他，那个小伙子当时并没偷吃米饭，而是雀屎掉在锅里，他不忍浪费，悄悄拣了那团米饭吃了。

长者听了后，就呆呆地坐着，良久不语。

因此，读人一定要慎重，遇事没有证据，不知来龙去脉时，千万不要随便否定。不能因他一时的行动，片面的行为，就对他做绝对的结论。

非但行为的伪装如此，言语的伪装也是如此。

《史记·魏其武安侯列传》记载，武安侯田蚡与魏其侯窦婴在汉武帝面前互相攻讦，田蚡胜利了，因为他使用了"谣言杀人"的撒手锏，说了一番耸人听闻的话：天下幸而安乐无事，蚡得为肺腑，所好音乐，狗马田宅。蚡所爱倡优巧匠之属，不如魏其、灌夫日夜招聚天下豪桀壮士于论议，腹诽而心谤，不仰视天而俯画地，辟倪两宫间，幸天下有变，而欲有大功。臣乃不知魏其等所夕。

言外之意是，我好的是声色犬马，他们所要得到的却是皇帝的御座，你做皇帝的可要多多当心啊！"岂知谗言似利箭，一中成赤簇。"结果，汉武帝听信了田蚡的谣言，将与窦婴深相结纳的将军灌夫及其家属全部正法，窦婴本人也在渭城被处决了。而田蚡却因"举奸"有功，稳做他的丞相。

常言道："流言止于智者。"读人的过程中听到谣言后，一是应该有清醒的头脑和客观的判断，二是要及时地给予批评和揭穿。

照理说，思想指导人们的言行，人的思想必然在他的言行中表现出来，也就是说人的思想和他的言行应该是一致的。可是，各人表现不同，有一致的，有不一致的。凡其人所想与其言行一致的，这种人易知；如果其人所想的与他的言行不一致，或者他说的是一套，背后做的又是另一套，这种人就难知。

人们常说，知人难，知人心者更难。因为在现实生活中，有的人说的和心里想的不一样。嘴里说的不是心里想的；心里想的又不是嘴里所说的。历史上这样的例子是很多的。

汉光武帝刘秀识错庞萌便是其中的典型例子之一。庞萌在刘秀面前，表现得很恭敬、谨慎、谦虚、顺从，刘秀便认为庞萌是对己忠心耿耿的人，公开对人赞誉庞萌是"可以托六尺之孤，寄百里之命者"。

其实，庞萌是个很有野心的人，他明着对刘秀表忠，暗里伺机而动，当军权一到手，便勾结敌人，将跟他一起奉命攻击敌军的盖延兵团消灭了。

最赏识的人叛变了自己，这对于刘秀来说无疑是当头一棒，使他气得发疯。后来他虽将庞萌消灭了，但他由于识错人而遭到的巨大损失却是无法弥补的。

刘秀之失，失在只听其言不观其行，片面看人。他被庞萌的假表忠所迷惑了，竟认为他是"忠贞死节"的"社稷之臣"。而来自敌营的庞萌归附刘秀不久，尚未有何贡献足以证明他的"忠心"，刘秀竟对他如此信任，是毫无根据的。

刘秀原是个深谋远虑的人，他以诚待人，知人善用，不少人因被他赏识，而成为东汉一代英才。但"智者千虑，必有一失"，当他被奸佞的言辞表象所迷惑时，也就必然犯了不结合言行读人的错误。

有些人的言行并不一致，如果仅听其言，就会受其所骗。所以听其言，必须观其行。人是极其复杂的，因为人的内心所想的要干的与其言行，因人不同而各有所异，即有一致的或相反的。

一般而论，刚直的人，心中所想的，就照说照干，这种人言行一致、易于了解，可听其言观其行便知其人。但奸佞的人，所想所要干的是一回事，所说的以至所行的又是另一回事，即以其漂亮的言辞，合乎道义的行为，掩盖其罪恶的用心，因而获得人们的赞赏和支持，以达到其罪恶的目的。所以对这种人，只听其言观其行，一时还难识其人，必须花相当的时间加以考察。

但是，即使最奸佞的人，明智的人以其行观察其人，加以仔细分析，终会发现其漏洞之处。

齐桓公对易牙、开方、竖刁等人，认为他们的言行都合乎己意，是忠于己的侍臣，所以视之为心腹；而管仲从他们"杀子""背亲""自阉"以讨好桓公，是不近人情之举，看出他们如此自我牺牲必有所图，故得出"难用"的结论，而桓公不听，结果自取其祸。这证明管仲有识人之明。

由此可见，观察其人行动是否合乎道义，是衡量人的标准之一，也是一种知人的良法。

要知人须掌握其人的全部的言行，这是知人的基本条件，如果仅据其人一言一行而对其人做出结论，必然失之偏颇。

第二章
听懂弦外之音，辨析心理活动

在短短的语言中藏有丰富的智慧。

——索福克勒斯

语言的非交流作用跟它的交流作用一样重要。比起任何其他社会风俗来，语言在群体与群体之间设置了更大的障碍。比起任何其他事物来，它更能将个人同化于某一确定的超级部落，更能阻止个人逃向另一群体。

——莫里斯

读懂人心，先要学会倾听

在西方，有一句著名的谚语：沉默可使傻子成为聪明人。"说"属于知识能力范畴，而善于"听"，才是聪明才智特有的。

倾听，是使信任充分发挥其作用的润滑剂，它能让始终挑剔的人，甚至最激烈的批评者，在一个有忍耐和同情心的倾听者面前软化降服。所以，如果你希望成为一个善于谈话的人，那么，就先做一个善于倾听的人。

倾听，是人际沟通过程中的一个重要环节。在任何交流中，我们所能做到的重要的事，就是倾听。

比如，作为一名管理者，在讲话前，只有耐心倾听，才能帮助你在回答问题时，提供更多的信息和帮助。当我们养成倾听的习惯时，就必然能更多地了解员工和顾客的问题、挫折以及需求。

一般来说，在事业上取得成功的杰出人士，都是十分注意倾听他人意见的。因为他们懂得倾听的重要意义和作用。

纽约电话公司，就曾碰到过一件相当棘手的事情，一名顾客痛骂公司的一名接线生，并拒绝交纳电话的基本费用，还列举出多项罪名，公开指控纽约电话公司。

最后，公司派了一位说客，登门拜访这位暴躁凶悍的客户，并且顺利地解决了问题。而他拜访这位先生时，唯一所做的事就是，专注地听对方把满腹牢骚倾诉出来，并适时地点头称是。

在一些商务活动中，如果你耐心地倾听对方的叙说，那就等于告诉对方"你讲到的事情，很有价值""和你在一起，真快乐"，"你是我值得结交的朋友""我们有许多共同点""我们是可以一起干点事情的"，等等。

倾听能使对方的自尊得到极大的满足，慢慢地，两个人的心灵会逐渐靠拢，为建立和发展友情打下了良好的基础，人生与事业，将会有意想不到的惊喜。

在联邦快递刚刚创立的初期，联邦快递的网络中心出现了问题，不得不裁减人员，以做调整。当然，人员流动率有 50%。这不是一个正常的人员流动率，因为，招募和培训新职员，要花一大笔费用。

面对棘手的问题，人事副总裁哈里，找到了创始人之一的弗朗西斯，问道："弗朗西斯，现在，需要我做些什么？"

看着面带微笑的哈里，弗朗西斯也笑了，回答说："哈里，我不知道，但你可以告诉我你的想法吗？"

谈了一会儿，哈里对弗朗西斯说："请给我一点考虑的时间,好吗？"

一周后，哈里找到弗朗西斯说："我找到答案了，但是你得承诺，能够给我提供我需要的东西。"

弗朗西斯便安排了一次由当时的董事长兼 CEO 弗雷德、首席财务官比特等董事会参加的会议，会议由哈里主持。

会上，哈里向大家解释道：他在集团内部，做了些调查，与许多员工谈过话，并观察了他们做事的方法。由于网络中心工作的时间很短，一般工作内容就是接收、发送和装运。因此网络中心的员工全是兼职的，而且他们一天只工作四小时，全在夜晚。

哈里提醒董事会的成员们："这不是一份全职的工作，所以，他们不享受福利待遇，这让这些还是大学在校生的兼职员工，看起来就像被收养的孩子一样，一点都不像这个公司的人。他们普遍的感觉就是，他们随时都会被解雇。而且，学校要考试时，他们就不会再来。虽然这些员工多数是大学生，而且还是兼职，但对于公司来说，却十分关键。"

"你有什么需要解决的问题吗？"首席财务官比特问。

"给他们提供全职的医疗保险福利。"哈里提出。

"可是，你想过没有，在我们的医疗方案里，如果增加这些员工，会给公司带来很多额外的费用。不能这样做，哈里，否则公司将会不堪重负。我们不能给兼职者医疗福利，因为我们一直就是这么规定的。"

哈里问道："比特，你知道在网络中心工作的人，他们的年龄有多大吗？"

"这与我们的问题有关？"比特不解地问。

"当然，在网络中心，负责邮件寄送的员工们的年龄，都在18～23岁。比特，在你这么大时，你的身体会经常出现大毛病吗？"

经过短暂的况静，会场响起了董事长的声音，他微笑着说："比特，哈里说得有道理，网络中心那批兼职的年轻人，就算享受到我们的医疗福利，但在相当长的时间里，也不会给公司造成费用上的压力，因为他们很少生病。"

最后，会议取得了共识。很快，决议便得到了落实，于是联邦快递的那些兼职者，也与全职者一样，享受到了医疗福利。

此举使人员流动率，由接近50%下降到了不到7%，投诉率也降到了最低。公司的士气也空前高涨，业务量在快速攀升。

我们来看看另一个案例：

柯达公司，要为其所捐建的音乐厅、大戏院采购大量的座椅。消息一传出去，各大制造商，纷至沓来求签订单，而公司的总裁伊斯曼，以高标准和严要求著称，一般的商家都被他拒绝了。

有一天，一个名不见经传的公司经理亚当森，上门求见。一番寒暄过后，亚当森诚恳地对伊斯曼说："总裁先生，尽管像我们这样的小公司，是无法和柯达公司谈生意的，可我还是恳请您，给我个机会，我想当面聆听您对座椅的设计意见。"

伊斯曼很赏识这位年轻人的坦诚与勇气，兴致勃勃地讲了一大堆既有新意，又有参考价值的建议和意见。

亚当森聚精会神地倾听着，不时轻轻地点头。

"总裁先生，我认为您的意见，是符合时代精神的创新设计理念的，这正是我们梦寐以求的。没有什么能比我得到您的当面教诲，更加宝贵了。"亚当森流露出无限满足的神情。"顺便说一句，我曾经长期从事室内装修，可我从未见到过，有如您的办公室那样精致的装修。"

伊斯曼哈哈大笑，得意地说："这间办公室，是我亲自设计的，我太喜欢了。你看，墙上的橡木壁板，是专程去英国订的货。"

"我注意到了。意大利橡木的质地，确实不如它。"

伊斯曼高兴地站起来，竟撇下手边急待处理的公务，带着亚当森，仔细参观起了办公室。结果，伊斯曼整整兴奋地说了一个上午。从柯达公司捐巨资建造音乐厅，谈到宏大的投资规划，从伊斯曼爱好的手工劳动，谈到坎坷的奋斗历程。

亚当森一直全神贯注地倾听着，不时用真诚的话语，表示由衷的敬意。

容光焕发的柯达公司总裁伊斯曼，邀请了年轻的亚当森共进午餐。持续的谈话，始终在轻松的气氛下进行着。两人虽然初次见面，却俨然是"久逢知己"。

没过几日，亚当森得到了柯达公司的订单，而且和伊斯曼结下了终生的友谊。

亚当森以出色的倾听艺术，赚取了百万金钱。

从说话声音了解对方心理

人说话的声音有 30% 是来自天性，而 70% 则是由于长期的生活习惯造就的。针对每一次谈话的音质，则可以读出说话人当时的心理状态。

说话是由说话内容和声音两部分组成的，忽略了任何一部分都是不完整的，都可能造成对人的误读。

听话先听音，声音是语言因素中最先对人造成影响的，也是最先暴露谈话者特质和谈话目的的。所以，我们从言谈读人，先从听音开始。

《礼记》中谈到内心与声音的关系。

《礼记·乐记》云："凡音之起，由人心生也。人心之动，物使之然也。感于物而动，故形于声。声相应，故生变。"对于一种事物由感而生，必然表现在声音上。人外在的声音会随着内心世界的变化而变化，所以说"心气之征，则声变是也"。

声音不但与心气能结合，也和音乐相呼应。因为声音会随内心的变化而变化，因此：

内心平静时，声音也就平缓柔和；

内心清顺畅达时，就会有清亮和畅亮之音；

内心渐趋急躁时，就会有言语偏激之声。

这样就可以从一个人的声音里判断其内心世界。有关这方面的知识，《逸周书·视听篇》讲的四点值得研究：

内心不诚实的人，说话声音支支吾吾，这是心虚的表现；

内心诚信的人，说话声音清脆而且节奏分明，这是坦然的表现；

内心卑鄙乖巧的人，心怀鬼胎，因此声音阴阳怪气，非常刺耳；

内心宽宏柔和的人，说话语调温和如水，好比细水之流，舒缓有致。

要了解声音特性所暗示的信息，需要不断地练习，不断地观察别人。声调不同于其他特质，它每分每秒都在变化，全凭环境与具体情况而定。稍不留神，就会错过重要信息。一般像大声、低沉的声音特质，通常很容易就能掌握；而其他较为短暂的特质，像是音高、说话急速、口吃等，往往很难界定。特定的音调有时会有相反的意义。因此，你必须像往常一样找出其行为模式，并特别注意讲话人的音调和肢体语言、说话内容是否相符。

以下我们将逐类分析各种音质的特点。

1. 高声大气

说话高声大气者，性格多是比较粗犷和豪爽的，他们脾气暴躁、易怒，容易激动。他们为人耿直、真诚、热情，说话非常直接，有什么就说什么，从来不会拐弯抹角绕圈子。这一类型的人多容不得自己受一点点委屈，他们会据理力争，一直到弄出个水落石出为止。他们有时会充当急先锋，起召唤、鼓动的作用，但有时候也会在不知不觉中被他人利用，自己却浑然不知。

而有些人只在特定的时间高声大气，这自然有他们的理由。所以，评估的关键在于评定对方何时会放大说话音量，使用的场合为何种情形，以及这么做有什么企图。

（1）控制

放大说话音量的目的通常是想控制环境。肖邦曾在一家杂志专栏中叙述道："当一个人想反驳对方意见时，最简单的方法就是拉高嗓门——提高音调。"

的确如此，人总是希望借着提高音调来壮大声势，并试图压倒对方。说话声大是独断、强制且具威胁性的行为，所以想支配或控制他人之人，讲话通常很大声。

在某些例子里，放大说话声音还包括"说赢"别人，这是另一种控制行为，也被视为冷淡与粗鲁的表现。谈话中过度的支配行为也反映出自大和没耐心的特性。大部分的人认为说话大声、低沉是自信的表现。但有些人大吼大叫，是因为害怕，如果轻声细语，没有人会听得见。

（2）说服

很多人认为说话大声是说服别人的绝佳工具，至少能让别人屈服。他发觉只要话说得够大声、够尖锐，别人就会认为他信心十足，并赞同他的意见，即使他大错特错，听众也不想和他争论。我们在工作生活中常见到吹牛大王利用大声来威胁弱者，或控制那些拿不定主意、老是等别人替他想的懒人。

（3）弥补外表的瑕疵

有人以音量来弥补外表的瑕疵，像是身材矮小或肢体有残疾。

曾有一名身材矮小，瘦如竹竿的中年陪审员。他坐在法庭上时，一动也不动，好像穿了钢圈一样。他的双手静静地交叠在腿上，整个人看起来就像是一座静坐的佛像。但他说话的声音却是高大而低沉的，足以引起很多人的注意。

他为了弥补身材矮小和个性拘泥，而练就出像汽笛般的声音。

（4）失聪的反应

这种情形通常发生在老年人身上，通常很容易就能看出来。但有个别的年轻人也会有听力受损的问题，请小心分辨。

（5）醉酒

有的人喝酒之后讲话也会很大声，但这不会是醉酒的唯一征兆。如果你在圣诞节狂欢之际首先见到某个人，不要就当时的表现评论对方，要等他平静的时候，再看看对方是否真的是大嗓门。

在你判断大嗓门的人属于哪个类型的时候，请记得以下几个问题：

说话的声音在当时的场合中是否恰当？

声音是一直都很大，还是依照在场人数的多寡而变化？

是否积极地控制自己的音量，以威胁或压制他人？

一般说来，说话大声，但态度客气的人通常对自己很有自信；而滥用粗暴的声音凌虐他人的人，就像拿着棍子的恶棍一样，往往是缺乏安全感的表现。

2. 轻声细语

说话轻声小声者，在为人处世各方面大多比较小心和谨慎，他们具有一定的文化修养，说话措辞非常文雅，而又显得谦恭。一般情况下，他们对他人都相当尊重，所以反过来他们也会得到他人的尊重。他们对人比较宽容，从不刻意地为难、责怪他人，而是采用各种方式不断地缩短与他人之间的距离，密切彼此之间的关系，尽量避免一些不必要的麻烦产生。

有人说话轻声细气，不紧不慢，让人听起来感觉既轻松自然又和蔼亲切。这一类型的男性多待人忠实厚道，胸襟比较开阔，有一定的宽容力和忍耐力，能够听取他人的意见和建议为己所用，但同时又不失自己独到的见解。他们较富有同情心，能够关心和体谅他人。而这一类型的女性则多比较温柔、善良、善解人意，但有时候也显得过于多愁善感，甚至是软弱。

要是说话者平时讲话并不会轻声细语，哪天突然有反常的表现，只要观察对方的动作态度，通常都能找到原因。

要是对方说话总是轻声细语，请注意抑扬顿挫之处是否适当。当在场的人听不清楚的时候，他是否努力放大音量？如果不是，也许他不够细心，不能体贴别人，或者骄傲自大。如果声音不大，却保持眼神的接触，肢体动作也轻松自在，那轻声细语就没有多大意义。反过来说，如果持续轻声细语伴随着不舒服的肢体语言，比如缺乏眼神接触，转过身去或撇过脸，或者坐立不安，这种声音一般是不舒服或缺乏自信心的象征。

3. 说话急促

我们都听过别人说，有些人讲话像连珠炮，这可能暗示着一个人说话快，撒谎也快。讲话快有时是不真诚的表现，不过这只是众多假设之一。

说话一向都很快，和在特定场合才有这种反应是不同的。说话快的人也许生长在一个必须加快速度，才能抢到发言权的家庭。急躁性格的人说话也很快，他们就像上紧发条的玩具，一触即发。不管原因如何，说话一向很快的人，对于事情的评估和判断通常也很快，因此他们常常不假思索就做出判断。

也有很多人说话快是为了掩饰内心的不安全感。这种人会有自卑的反应，像是紧张兮兮，或是刻意引起别人的注意。

平常说话速度正常的人，也会因为下列原因而加快说话速度：紧张、没耐心、焦虑、使用药物或酒精、缺乏安全感、愤怒、兴奋、想说服别人、恐惧、撒谎被发现，等等。

很多人都经历过谎言被拆穿的困窘。当事人以一般速度闲聊一阵子之后，发觉故事很难再编下去，想加以解释的时候，说话就会越来越快。

有个人不想担任陪审员，所以他告诉法官他的妻子病了，他要带她去看医生。法官建议他把就诊时间安排在晚上，而这名陪审员说话却越来越快，解释他真的要带妻子去看医生，而且他觉得无法把就诊时间安排在晚上。当法官建议他打电话给医生，先找出原因，下午再汇报给他时，那名陪审员竟然还加上一句，说他还得带狗去看兽医。最后，他还告诉法官他的屋顶需要修理。当借口越说越多时，语速也就越变越快。法庭里的人有半数以上忍不住窃笑。

这位说话快的人，看他是否企图以连珠炮的话语隐瞒事实——或者他是因为紧张、缺乏安全感而加快说话速度，借以掩饰内心的不安。我们可以从小孩身上看到这种反应：他们兴奋时说话会变快，这点通常和大人没有什么两样。

4. 说话缓慢

说话缓慢的人可分为两种类型：一种听起来舒服轻松，另一种伴随着不安的肢体语言和声音线索。判定对方属于哪一类型之后，我们就能合理地猜出说话慢的原因。

说话一直都很慢的人也许是身体或心理有障碍。如果对方是因为心理有障碍而说话很慢，会伴随有无法表达意见的反应。要是因身体障碍所造成，你只要和对方谈上几分钟，就会看出来。使用不熟悉的语言时，说话也会很慢；而在意自己教育程度不高的人也会有同样的反应。生长在不同地区的人，说话速度也会不同，比方说，美国南方人说话的速度，就比纽约人慢许多。

教师、播音员、电视节目主持人，以及时常要对大众说话的人，有时会放慢说话速度，让每个听众都了解他们的意思。这种技巧有时会表露在日常对话中，而有些说话慢的人有时会故意表现出谦卑的态度，这时他们会用引人注意的一些音调。

如果对方平时说话速度中速，在特定场合却用缓慢的讲话方式，可能代表他要表达一种很重要的感觉，如疲劳、不安、沉思、困惑、生病、说谎、受到药物或酒精的影响、难过或忧伤，等等。

只要认真解读说话者的肢体语言和说话内容，就能判定其说话缓慢的原因。

5. 说话结巴

说话结结巴巴、迟疑或语意不清，一般情况下不同于说话缓慢。说话断断续续通常是缺乏安全感、紧张或困惑所造成的；偶尔当对方想找借口时，还反映出不诚实的态度。但也可能是说话者想准备表达自己的意思，而正在绞尽脑汁搜寻正确的字眼；或者对方有意暂停，好让你有机会插话。

我们可以通过一个人的整体说话模式、说话内容以及肢体语言，来判断他之所以说话结巴，是由于没有安全感、紧张、困惑、不忠实，还是为寻求准确所致。人们一定是对他们说的话非常不安，才会中断和踌躇不疑。在这种情况下，还会伴随着第三章将讨论过的肢体语言，像是逃避眼神接触，下意识地掩嘴或遮住脸上其他部分。紧张的人不只说话结巴，还会在椅子上不断变换姿势、敲手指等。

假定说话者不是说谎或紧张，你可以视结巴或中断谈话是为了重整思绪。有一位女孩子，她是个非常聪明且犀利的律师，但说话时会习惯性地停顿。她会在句中停顿一会儿，然后再继续，有时会把头稍微转向不同的方向。她没有紧张、不诚实、推托或缺乏安全感的征兆。相反地，她的肢体语言反映出深思熟虑和专注。她的眼神凝视，说话音量没有显著的变化，她显然专注在说话的内容上，而且试图尽量准确。

你应该正确区分想精确表达企图的停顿、重复，或是注意力不集中的喋喋不休。后者表现出思绪不连贯，心猿意马，似乎有道无形的墙挡住，嘴巴比脑子明显快上几秒钟。说话结巴、迟疑、断断续续和不连贯，可表现出此人的困惑、注意力不集中，也可能代表这个人想引起他人的注意，甚至因之必须喋喋不休。

说话结巴如果变成口吃，通常是因为紧张所造成的，当然也有人是因为身体状况而口吃。我们必须注意口吃是持续出现在不同的谈话中，还是在对方紧张或舌头打结时才会口吃。长期的口吃不一定是长期的紧张所致，而学术界目前尚不明了严重口吃的发音状况。

6. 音高变化

当特别害怕、高兴、痛苦、兴奋时，大多数的人声音会提高，如果感觉够强烈，还会发出嘶哑的嗓音。在这些例子中，通常从肢体语言、说话内容和行为举止就能判断其原因。

有些人为了引诱别人，会明显地降低声音，就像"午夜悄悄话"的节目主持人，或是20世纪40年代侦探片里的性感女人。当一个人伤心、沮丧或疲倦时，音调也会降低。只要掌握了所有相关线索，就不难了解其意义。

我们都问过别人，愿不愿意和我们到哪儿去，如果得到的是语气坚定的回答："好啊，没问题。"我们就知道对方接受了邀约。如果对方以犹豫的语气说出同样的话，我们知道他接下来会说："但是……"

如果你仔细聆听对方的语调，就能察觉出其语意是否完整。如果对方欲言又止，即使你无法猜出真正的意思，至少能感受到暧昧模糊之处，并提出适当的问题加以厘清。声音的强调通常伴随着肢体语言的强调。说话者强调某个字句时，可能会出现身体前倾、点头或比手势的动作。因此，如果你能在倾听时，顺便观察其肢体语言，这样一来，即使是再细微的变化也难逃你的法眼。

如果你告诉朋友你刚升职，你期望对方的回复能表达某种程度的兴奋与快乐，也许他会真心诚意地道句"恭喜"；此时，你绝不会希望听到一句单调、仓促的"那很好"。当你得到一句刻板的回复时，你应该提高注意力，认真观察对方的肢体语言，看看他是否心不在焉，还是感到无聊、沮丧，或者企图以单调的声音掩饰更强烈的嫉妒或愤恨的情感，这些情绪反应都会从肢体语言中流露出来。你可以根据所收集到的线索，当场判断这件事，或是先搁在一旁，待会再仔细推敲。

7. 发牢骚

当一个人发牢骚时，并不总是扭曲着脸、紧握着手发出哀哀悲鸣，它可能是更细微的表现。但不管是低调还是明显的表示，发牢骚是不靠强迫言辞操控别人的手段。有些人想要什么，却不肯明确地指出，就会以发牢骚的方式加以暗示。他们其实是在表达自己对这件事非常重视，甚至要一直抱怨到别人帮他处理为止。

他们抱怨一件事不够完美时，自己却不主动去加以改善，如果他们的看法不被大多数人采纳，他们会畏缩且不悦。

发牢骚的人通常又是跟屁虫，他们没有勇气或自信去领导，却想要别人来照顾自己，他们觉得无助且没有控制能力。如果你想知道对方是否老爱发牢骚，可以想办法了解他的生活圈，比如和他的朋友谈谈。了解他和他们的相处如何？他是否企图影响他人？如果他已婚，特别注意其和伴侣说话的语调。这种人爱发牢骚，是因为发牢骚总能达到他的目的，而且他们的这种习惯很难克服。爱发牢骚的人对待别人的方式，会反应在他和你未来的关系上，你得慎重考虑是否能接受他的这种习惯。

8. 呼吸声

平常我们很少会听得到他人的呼吸声，所以当我们听到的时候，会特别留意。他是不是有情绪或身体的问题？是否患有肺气肿、其他肺部疾病，或是会造成呼吸困难的病症？在这种情况下，浓重的呼吸声也许会是疾病的先兆。

如果不是疾病造成的（通过观察肢体语言或仔细询问对方的健康状况），那么则有可能是愤怒、运动或疲倦、性欲、不相信、兴奋、紧张、沮丧、压力等情况下的表现。

一般来说，人们不单是以强烈、缺乏节奏的呼吸来表现紧张的情绪，有时也会从肢体动作，像是喝水或是做出夸大的手势表达出来。有些人通过快速吐出的呼吸声，来表示他的惊讶、不相信或是愤怒。这些声音线索通常伴随着摇头或其他姿势。读这种人的要点在于注意他的这个特质，辨认各种可能的原因，看看哪些原因符合这个人的肢体语言、行为以及说话内容。

9. 沙哑声

沙哑声常常是抽烟的症状，但也可能是感冒或支气管炎，或是身体长期不适造成的，也可能是说话者最近过度使用嗓子所致，你可以由此切入，询问对方是否经常唱歌或发表演说，而使得声音疲劳粗糙？谈话是了解对方的开始。人的声音常常因为运动比赛的呼喊而沙哑。你可以询问对方，是否在足球赛上为某个球星欢呼呐喊，或为家乡的球队大声鼓励？如果他喊得声嘶力竭，表示对方是热情的足球迷，他可能相当积极，而且控制欲十足（在某个程度上，他认为自己只要喊得够大声，就可以影响比赛结果）。如果没有收集到其他线索，则可以断定他个性外向、容易激动。安静、害羞、保守的人很少会大喊大叫直到声音沙哑。

10. 喃喃自语

有些喃喃自语的人说话声轻到让人听不见，有些人说话时习惯用手捂着嘴巴，还有些人会撇开头或往下看。要是听者反应，他们或许能把话说得清楚些，不过有些人根本无法把话说清楚，我们也难以从生理反应解释这种现象。

一些经他人提醒后，说得比较清楚的人，也许当时因分心、疲倦、正在深思、受到药物或酒精影响，因而暂时脱离正常的说话模式。经常喃喃自语的人（经他人提醒后，仍然不能把话说清楚），会表现出缺乏自信心、自我意识强、没有安全感、若有所思、不安、疲倦、不能清楚表达想法、患有精神病等模样。

喃喃自语的人很少展现出领导才能，他们也不期望自己拥有这样的掌控力。喃喃自语的人经常表现出沮丧或难过的模样，而乐观、精力充沛的人，讲话不会这么不清不楚。这种特质也会反应在肢体语言上，他们大多以软弱、被动、虚弱的握手方式，表现出懒散疲倦的态度。

11. 唉声叹气

说话唉声叹气者，多有比较强的自卑心理，心理承受能力比较差，在挫折困难面前，或是遭遇到失败时，就会丧失信心，显得沮丧颓废，甚至是一蹶不振，失去了再站起来的勇气。这一类型的人从来不善于在自己身上寻找导致自己失败的原因，而总是不断地找各种客观的理由和借口为自己开脱，然后安慰自己，以使一切都变得自然而然。他们时常哀叹自己的不幸，却以他人更大的不幸来平衡自己。

12. 清喉咙

在比较正式的场合，在说话伊始就清喉咙的人，多是由于紧张和不安的情绪所致。

在说话的过程中不断地清喉咙的人，可能是为了变换说话的语气和声调，还有可能是为了掩饰自己内心的某种焦虑和不安。

还有的人在说话过程中，并不是不断地清喉咙，而只是偶尔一两次，这时多表明他对某一个问题并不是特别认同，还需要仔细认真的考虑。

故意清喉咙多是一种警告的表示，是为了表达自己的某种不满情绪，同时包含着对对方示威的意思，告诉对方自己可能会不客气。

13. 其他的说话特质

说话声音低沉而粗的人，大多比较现实，他们的思想比较稳重、沉着，在为人处世等各方面也比其他人更加谨慎和小心，浑身上下总会散发出一股成熟的魅力，潇洒飘逸，很能吸引他人的目光。这一类型的人多有比较强、比较快的适应能力和随机应变能力，在不同的环境和事情面前，能够迅速地调整自己，使自己与之保持协调一致。

说话声音高昂洪亮的人多有比较充沛和旺盛的精力，自信心充足，有一定的欣赏品位和鉴赏能力，待人热情、诚恳，气质优雅，能够吸引一定人群的目光，他们有荣誉感。

说话速度特别快的人多性格外向，比较青春和活力，朝气蓬勃的，总给人一种阳光般的感觉。

说话声音平铺直叙，男性化十足的人，性格多比较内向。他们在大多数时候都沉默少语，待人也比较冷淡和漠然，但他们内心里也是充满热情的，只是不太善于表露出来。在面对任何事情的时候，他们都会显得特别冷静。通过周密的思考，然后再去行动，一般总会有一个好的结果。

说话的声音给人一种紧张、压迫感觉的人，多是比较自负自傲的，自我意识强烈，常常自以为是，不肯轻易接受他人的意见和建议。缺乏耐性，不肯关心和体谅他人，遇到事情他们往往更倾向于用武力解决问题。

说话速度太快的人，会给人一种非常紧张、迫切，似乎发生了非常重大、紧急的事情的感觉，同时也会让人觉得焦躁、混乱以及些许粗鲁。

说话缓慢的人，会给人一种诚实、诚恳、深思熟虑的感觉，但有时也会显得犹豫不决，漫不经心，甚至是悲观消极。

从讲话内容了解对方心理

说话的内容是对方与你交谈的目的和具体形式，也是双方谈话过程中借以影响对方的重要因素，所以，我们平时谈话时，一定要注意分析说话的内容。

我们在这里向大家分析的，不是说话具体所指的事，而是从谈话者的态度和用词等方面进行分析，以对大家从谈话内容上读人提供方便。

1. 说话的态度

说话的态度可以从某些方面表现出对方的修养和个性。

在说话中善于使用恭敬用语的人，多比较圆滑和世故，他们对他人有很好的洞察力，往往能够体会到他人的心情，然后投其所好。这一类型的人随机应变的适应力很强，性格弹性比较大，与绝大多数人都能够保持良好的关系，在为人处世方面多能如鱼得水，左右逢源。

在说话中善于使用礼貌用语的人，多有一定的学识和文化修养，能够给予他人足够的尊重和体谅，心胸比较开阔，有一定的包容心。

说话非常简洁的人，性格多豪爽、开朗、大方，行事相当干脆和果断，凡事说到做到，拿得起放得下，从来不犹犹豫豫，拖泥带水，非常有魄力，开拓精神可嘉，有敢为天下先的胆量。

　　说话拖拖拉拉，废话连篇的人，多比较软弱，责任心不强，遇事易推脱逃避，胆子比较小，心胸也不够开阔，婆婆妈妈，整天在一些鸡毛蒜皮的小事上面纠缠不清。虽然对现实的状况有诸多不满，但缺乏开拓进取精神，并不会寻求改变，只是在等待。他们容易嫉妒他人。

　　说话习惯用方言的人，感情丰富而又特别重感情。他们的适应能力并不是特别强，往往需要很长的一段时间，才能与其他环境融合。这一类型的人，自信心比较强，有一定的胆量和魄力，很容易获得成功。

　　善于劝慰他人的人，一般都多才、思维敏捷、健谈，对人情世故有深刻而又正确的理解和认识。感情丰富，易于和他人产生共鸣。

　　善于奉承他人的人，大多比较圆滑和世故，在处理各种事情时都显得相当老练。他们相当精明，自己很少会有吃亏上当的时候。虽然从表面上看来他们很容易向他人妥协，但实际上有自己的主张。他们多有一张非常实用的关系网。

　　总是不断发牢骚的人，多是好逸恶劳、贪图享受的人。他们虽然想改变自己的处境，但却只是安于现状，坐享其成，而不去付诸行动。一遇到挫折和困难，就逃避退缩，把原因都归结到外界的因素上。他们对他人的要求总是相当严格的，却从不以同样的标准要求自己。他们自私自利，缺乏容人的气度，很少设身处地地为别人着想，却总期望得到更多的回报。

　　在谈话中好为人师者，多自我意识强烈，常常自以为是，目中无人，表现欲望强烈，希望自己能够引起他人的注意，好卖弄。

肆意污蔑他人的人多心胸狭窄，无法容忍别人比自己过得好，嫉妒心很强，爱搬弄是非。

说话尖酸刻薄的人多不太尊重他人，也时常缺乏必要的礼貌，他们对人特别挑剔，似乎永远也没有满意的时候，时常会遭到周围人的厌恶，他们人际关系并不是很好，而自己却意识不到这一点。

说话尖锐严厉者，多有攻击性，在与人交往中，一旦发现谁有不对的地方，总是会毫不留情地指出来，甚至会让对方显得非常难堪。这种类型的人往往有比较强的洞察力，自己的思想又很独特，所以看问题往往能一针见血，指出其本质所在，但他们有急于求成的毛病，时常会忽略一些比较重要的问题，舍本逐末，最终使自己陷入某种困境之中而无法自拔。

说话刚毅坚强者，多是组织性、纪律性比较强，办事坚持原则，是非善恶分明，能够做到公正无私的人。可是这一类型的人大多比较固执，不善变通，做事总是不给人留下商量的余地，所以在一定程度上会得罪一些人。但因为他们能够做到公正、公平、公开，光明磊落，实事求是，还是会得到绝大多数人的支持和拥护的。

说话圆通和缓者，他们待人多诚恳、热情、宽厚、仁慈，具有一定的同理心，处世圆滑，不太容易受到他人的责怪。对于新生事物，虽然他们的接受能力有一定的限度，但会持理解的态度，心胸比较开朗和豁达。

说话温顺平静者多性格温和，淡泊名利，渴望过一种与世无争的生活。他们很少与人发生利益上的冲突，所以大家相处起来比较容易，关系也不错。在他人看来，这一类型的人总是显得有些胆小怕事，其实不然，这是由他们恬淡的性格所致，由于不想把自己卷入到许多是非当中，所以会采取回避的态度，但如若有人在旁指导，使他们加入各种竞争当中，将自身的才华淋漓尽致地发挥出来，他们则会成为能刚能柔，能屈能伸的人，会大有一番作为。

说话浮躁的人大多脾气暴躁、易怒，他们做事常常欠缺周密的思考和完善的计划，只凭着一时的情绪兴趣去行动。与此同时又缺乏耐性，不能循序渐进地稳步前进，而是急于求成。可结果多是不尽如人意，欲速则不达。

说话荡气回肠者，多有比较强烈的好奇心，而且思想比较独特，常常会有一些出人意料的高见。他们有叛逆性，敢于向传统和权威挑战，对新鲜事物的接受能力很快。他们在为人处世上欠缺沉着、冷静，所以常会导致自己被人孤立。

2. 说话的用词

从一个人谈话的用词中，不难看出其文化修养和对人的态度，对其性格也会有一个大致的了解和认识。

如果一个人用词高雅、准确，说话干净利索，说明这个人有较高的文化修养，办事干练果敢。

如果一个人用词欠妥、浅俗，讲话啰唆重复，不着要点，说明此人文化修养不高，办事拖拉迟缓。

经常使用流行词汇的人，大多缺乏独立性，喜欢浮夸。

喜欢使用外来语，或谈话中夹杂外语的人，虚荣心强，有些装腔作势。

理直气壮地使用方言的人，个性强，颇为自信。

用词夸张、粗俗、不慎重的人，文化修养较差，办事不负责任。

说起话来总是用"你应该……""你不能……""你必须……"等命令式的口气，这样的人多半自信、骄横、专制、固执、权欲很大。

说起话来常用"我个人的想法是……""是不是……""能不能……"等商量式口吻的人，通常较和善可亲，客观和理智，待人接物冷静，慎思明断，尊重别人。遇事能做到客观理智，冷静地思考，认真地分析，然后做出正确的判断和决定。不独断专行，能够给予他人足够的尊重，反过来也会得到他人的尊重和爱戴。

说起话来总是"我不知道……""我要……""我想……"的人则通常比较天真、任性，爱感情用事，易激动。

3. 口头禅

很多人在谈话中都带有口头禅，这种口头语言是人们在日常生活中逐渐形成的习惯，具有鲜明的个人特色。通过它可以对一个人进行观察和了解。

一般来说，经常连续使用"果然"的人，多自以为是，强调个人主张，以自我为中心的倾向比较强烈。

经常使用"其实"的人，自我表现欲望强烈，希望能引起别人的注意。他们大多比较任性和倔强，并且多少还有点自负。

经常使用流行词汇的人，热衷于随大溜，喜欢浮夸，缺少个人主见和独立性。

经常使用外来语言和外语的人，虚荣心强，爱卖弄和夸耀自己。

经常使用地方方言，并且还底气十足，理直气壮的人，自信心很强，有属于自己的独特的个性。

经常使用"这个……""那个……""啊……"的人，说话办事都比较小心谨慎，一般情况下不会招惹是非，是个"好好先生"。

经常使用"最后怎么样怎么样"之类词汇的人，大多是潜在欲望未能得到满足。

经常使用"确实如此"的人，多浅薄无知，自己却浑然不觉，还常常自以为是。

经常使用"我……"之类词汇的人，不是软弱无能想得到他人的帮助，就是虚荣浮夸，寻找各种机会强调自己，以引起他人的注意。

经常使用"真的"之类强调词汇的人，多缺乏自信，唯恐自己所言之事的可信度不高。可恰恰这样，反而会起到欲盖弥彰的反作用。

经常使用"绝对"这个词语的人，武断的性格显而易见，他们不是太缺乏自知之明，就是自知之明太强烈了。

经常使用"我早就知道了"的人，有表现自己的强烈欲望，只希望自己是主角，任凭自己发挥。对他人而言，他们却缺少耐性，很难做一个合格的听众。

另外，口头语出现频率极高的人，大多办事不干练，缺乏坚强的意志。有些人，说话时没有多少口头语，这并不代表他们从未有过，可能以前有，但后来逐渐地改掉了，这显示出一个人意志力的坚强和追求说话简洁、流畅的精神。

若想通过口头语言更好地观察、了解和判断一个人的性格如何，需要在生活和与人交往中仔细、认真地揣摩、分析，这样，才会收到良好的效果。

4. 谈话的内容

没有什么比一个人喜欢谈些什么更能体现出他的个性了。

一个人喜欢由什么样的话题切入谈话，绝对是与他的个人修养和个性特质相联系的。

如果一个人常常谈论自己，包括以往的经历、自我的个性、对外界一些事物的看法、态度和意见等，一般来说，这样的人性格大多比较外向，感情色彩鲜明而且强烈，主观意识较浓厚，爱表现和公开自己，多少有点虚荣。

与此相反，如果一个人不经常谈论自己，包括曾有的经历、自我的性格、对外界一些事物的看法、态度和意见等，则表明这个人的性格比较内向，感情色彩不鲜明也不强烈，主观意识比较淡薄，不太爱表现和公开自己，比较保守，多少有一些自卑心理。另外，这种人可能有很深的城府。

如果一个人在叙述某一件事情的时候，只是单纯地在叙述，不加入过多的自我感情色彩，而是将自己置于事外，则表明这个人比较客观、理智，情感比较沉着和稳定，不会有过激行为。

相反，一个人在叙述某一件事的时候，自我感情非常丰富，特别注意个别细节，则说明这个人感情比较细腻，会一触即发。

如果一个人在说话时，习惯于进行因果和逻辑关系的推理，并给予一定的判断和评价，说明这个人有很强的逻辑思维能力，比较客观和注重实际，自信心和主观意识比较强，常会将自己的思想观点强加于他人身上。

如果一个人的谈话是属于概括型的，非常简单但又准确到位，注重结果而不太关心某个细节过程，平时关心的也是宏观的大问题，则显示出这个人具有一定的管理者和领导者才能，独立性较强。

如果一个人非常注重谈话过程中的某个具体细节问题，对局部的关心要多于对整体的关注，则表明这个人适合从事某项比较具体的工作。这一类型的人支配他人的欲望不是特别强烈，可能会顺从于他人的领导。

一个人谈论的内容多倾向于生活中的琐事，表明他是属于安乐型的人，比较注重享受生活的舒适和安逸。

如果一个人经常谈论国家大事，表明他的视野和目光比较开阔，而不是局限在某一个小圈子里。

如果一个人喜欢畅想将来，则表明他是一个爱幻想的人，这种人有的能将幻想付诸行动，有的却不能。前者注重计划和发展，实实在在地去做，很可能会取得一番成就。但后者只是停留在口头，说说而已，最终多会一事无成。

有的人在谈话时，比较注重自然现象，那么这个人的生活一定很有规律，为人处世也非常小心和谨慎。

经常谈论各种现象和人际关系的人，可能自己在这一方面颇有心得。

不愿意对人指手画脚，进行评论的人，在不得已的时候偶尔发表自己的看法，当面与背后的言辞也多会基本保持一致，说明这个人是非常正直和真诚的。

对他人的评价表面一套，背地一套，当面奉承表扬，背后谩骂、诋毁，表明这个人是极度虚伪的。

有人不断地指责他人的缺点和过失，目的是通过对比来证明和表现自己。

有人在谈话中总是把话题扯得很远，或者不断地转变话题，表明他思想不够集中，而且缺少必要的宽容、尊重、体谅和忍耐。

5. 谈话的幽默感

幽默是聪明和智慧的体现，一个具有强烈幽默感的人，往往更容易取得成就，获得成功。其实每一个人都是具有幽默感的，只是有不同的表现方式，并且受到时间、空间等各种条件的限制。当一个人将他的幽默感表现出来时，他的性格也就显示出来了。以下有几种幽默的不同表现形式，对照一下，有助于你更好地观察和了解一个人。

用一个幽默来打破某一个僵局，这样的人随机应变能力比较强、反应快。因自己出色的表现，他们可能会成为受人关注的对象，这迎合了他们的心理。他们多有比较强烈的表现欲望，希望能够得到他人的注意与认可。

常常用幽默的方式来挖苦别人的人，大多心胸比较狭窄，有强烈的嫉妒心理，有时甚至做一些落井下石的事情。他们有较强的自卑心理，生活态度较消极，常常进行自我否定。他们最擅长挑剔和嘲讽他人，整天地算计他人，自己也从未真正地开心过。

善于自嘲式幽默的人，首先他们具有一定的勇气，敢于进行自我嘲讽，这不是一般人能够做到的。他们的心胸多比较宽阔，能够接受他人的意见和建议，而且能够经常地反省自己，进行自我批评，寻找自身的错误，努力改正。他们这种气质，让他人看在眼里，很容易产生一股敬佩之情，从而为自己带来比较好的人际关系。

用幽默的方式嘲笑、讽刺他人，这一类型的人给别人的第一印象往往是相当机智、风趣的，对任何事物都有细致入微的观察，能够关心和体谅他人，但实际上这种人是相当自私的，他们在乎的可能只是自己。他们在为人处世各个方面总是非常小心和谨慎的，凡事总是赶着要比别人快一步。他们疾恶如仇，有谁伤害过自己，一定会想方设法让对方付出代价。这一类型的人有较强的嫉妒心理，当他人取得了成就的时候，会进行故意的贬低。

喜欢制造一些恶作剧似的幽默的人，他们多是活泼开朗、热情大方的人，活得很轻松，即使遇到压力，自己也会想办法去缓解。他们在言谈举止等各方面表现得都相当自然和随便，不喜欢受到拘束。他们比较顽皮，爱和人开玩笑，在这个过程中进行自我愉悦，同时也希望能够将这份快乐带给他人。

有些人为了向他人表现自己的幽默感，常常会事先准备一些幽默，然后在许多不同的场合不厌其烦地说给别人听。这一类型的人多比较热衷于追求一些形式化的东西，而且很在乎他人对自己持什么样的态度。他们生活态度比较严肃、拘谨，能够控制自己的感情。

有另外一种人与事先预备幽默的人正相反，他们有许多幽默都是在自然而然中流露出来的，这一类型的人大多思维活跃，有很强的想象力和创造力。他们虽然头脑灵活，思维敏捷，但并不擅长在制度完善的环境下一展所长，而是偏爱自由。他们的生活始终处在发掘新鲜事物的过程中，他们需要利用别人来发展和增强自己的构想。

听懂对方的言外之意

打锣听音，说话听声。一个人说出的话有真有假，有虚有实。掌握识人术的沟通技巧就是能够听懂别人的弦外之音。这样不但能帮你减少沟通中的波折，还能让你准确摸到对方的心，让你在社交活动中总能先胜一筹。

一个眼神、一个表情、一个动作都可能在特定的语境中表达出明确的意思。但是一句话往往我们可以听出许多不确定的信息，其弦外之音、言外之意，取决于说话者与听话者之间的默契。要是其中一方不能掌握和摸透这一点，就有可能遭受他人的伤害或伤害他人。

言语是一种表象，人的欲望、需求、目的则是本质。现象是表现本质的，本质总要通过现象表现出来。所以，言语作为人的欲望需求和目的的表现，有的是直接显现的，有的是间接隐晦的，甚至其含义是完全相反的。因此，善于倾听弦外之音，才能发现内在的真意。

对于那些直接表达内心动向的语言来说，每个人都很容易理解，一般正常的、普通的人际交往，就是以这种简单直白的语言为媒介，进行顺畅交流的。

而那些含蓄隐晦，甚至以完全相反的方式表现其心理动向的言语，就不是每个人都能理解的，人与人的差别，大多也就体现在这里。

若是能够举一反三、触类旁通，反过来想想，倒过去再看看，增加一些参照物，减少些装饰性虚假的东西等，最后透过言谈话语，发现人的深层动机，那就说明，你基本已懂得如何听弦外之音这项本领。而这项本领，也叫言语判断法。

刘主编约 A 教授为他的刊物写一篇稿子，恰巧刘主编的刊物在搞一个座谈会，他也邀请了 A 教授。A 教授刚一进会场，刘主编就冲了过去："太好了！太好了！我一直都在等您的稿子。"

"糟糕！" A 教授一拍脑袋："抱歉！抱歉！我忘带了，留在桌子上了。"于是，又拍拍刘主编的肩膀："明天，明天上午，你派人来取，好吧？"

"没关系！"刘主编一笑："也不必等到明天了，等会儿会议结束，我开车送您回去，顺便拿。"

A 教授一怔，也笑笑："可惜，我等会儿不直接回家，还是等明天吧！"

当座谈会结束后，刘主编到停车场开车回家。转过街角，他看见 A 教授和李编辑在等出租车。

刘主编摇下车窗热心地问："到哪儿去呀！"

李编辑说："陪 A 教授一起回家。"

刘主编一听，马上就停下车，将 A 教授和李编辑拉上车。刘主编一边开车一边说："我送您回家，顺便拿稿子。"

"我家巷子特别小，尤其这假日，到处停满车，不容易进去。"A 教授拍拍刘主编："您还是把我们放在巷口，我明天上午，就把稿子给您送去。"

谁知刘主编说自己顺路,一定要去。刘主编硬是转过小巷子,一点一点往里挤,开到 A 教授的家门口。

"我还得找呢!这巷子不好停车。"A 教授说。

"没关系,您不是说放在桌子上吗?"正说着,后面的车大按喇叭催促。"您还是别等了吧!"A 教授拍着车窗:"告诉您实话,我还没写完呢……"

A 教授再三找借口推托,刘主编居然没有听出 A 教授"我还没写完呢"的言外之意,结果,弄得两人都很不愉快。

可见,善于听出朋友的话外音,从微不足道的细节中,发现朋友的态度,和他自己要做些什么,这对你与朋友的交往,是很有帮助的。

下面这两个小故事,主人公就聪明多了:

在明朝洪武初年,浙江嘉定安亭有一个名叫万二的人,他是个元朝的遗民,在安亭郡堪称是首富。

一次,有人从京城办事归来,万二问他:"兄在京城,都遇到什么见闻呢?"这人说:"皇帝最近作了一首诗。诗是这样的:'百僚未起朕先起,百僚已睡朕未睡。不如江南富足翁,日高丈五犹披被。'"

万二一听,叹了口气道:"唉,迹象已经有了!"于是,他马上将所有家产,托付给仆人掌管,自己买了一艘船,载着妻子儿女,泛游而去。

结果,两年还不到,江南的大族富户,都被收缴了财产,门庭破落,唯有万二躲过一劫。

另外这个古代小故事，也让我们感叹先人们的智慧：

宋太祖曾当着众人的面许诺，要封张融为司徒长史，但文牒却一直未见下。

有一天，张融乘骑一匹瘦马，宋太祖见了，问道："你的马怎么这样瘦，每日喂多少粮食？"

张融回答："一石。"

宋太祖接着问道："喂这么多，为何还如此瘦？"

张融说："臣答应给一石，但并没有给。"

宋太祖一听，便听出他话中有话，于是在第二天，就给张融发下文牒，任命他为司徒长史。

所以，懂得听言外的真意，真的很重要，听话人须细心领悟与揣摩，听不出"弦外之音"的人，往往会被视为愚钝迟滞之人。中国语言之精深，变化之奥妙，全在这"弦外之音"上。在生活中，我们常见这样的例子：

比如，朋友在背地里吃了你的东西，当你发现后很生气，会嚷道："是谁吃了我的东西？"这时，朋友一听，就知道你生气了，然后他可能会这样说："对不起，我刚才实在是太饿了，有空请你吃饭好吗？"简单的一句回答，既没有直接说他偷吃了你的东西，又为自己挽回了面子，同时还维持了你们之间的友谊。他说，他实在太饿了，弦外之音是说，他吃了你的东西，并希望你能够原谅他。

又如，在你与上级领导谈话时，更需要注意，因为领导的语言，是最具揣摩性的。比如你刚到一家公司不久，领导找你谈话："你刚到公司还没多久，工作成绩不错，以后有什么打算呢？"

看似很轻松的一句话，却有可能蕴含着领导特殊的意图，他是在考察你的工作心态。你要是很坦率地说出自己的理想志向，领导会认为你过于幼稚，缺乏城府；你若大谈自己与公司不相干的事业和理想，上司会了解到，你眼下只是把公司当成一个跳板，一旦有了机会，你就会远走高飞，根本就没有为公司的长远发展做打算。

那么，这时你就该谨慎回答："我想就目前的工作，先好好干一段时间再说，以后的事，再做打算也不迟。"如果以这种含蓄的语言回答，相对是比较稳妥的。

夫妻之间，要是妻子星期天想去商场买东西，她会这样跟丈夫说："你礼拜天有事吗？我想去商场买些东西。"这时，你要理解妻子的用意，她是想让你陪她一起去。你要是把她的话扔在一边，说你自己的事情，她会非常失望。所以，认真听好伴侣的话，在生活中多一份体贴，家庭便会多一份温馨。

再如，一般喜欢说人是非的人，在他向你讲述另外一个人的是非时，你切记，千万不可随声附和，也不要直接打断对方的陈述，等时机合适，你可以间接地将话题引开。

要懂得闲谈时少论他人是非，更要听出对方言语的暗含之意。当他向你说一个人的过错时，不是攻击他人，就是想挑拨你与那人的关系，所以你要灵敏一些，不要被对方的言语所蒙蔽。须知，来说是非者，便是是非人。

要是谈话的对方正在炫耀他那光荣的过去，你可就要留心了，因为此时，他的心里正在期待着你的夸奖。所以，你认为值得或应该夸奖的，不妨就夸奖他一下。当对方在显示他的博学或机智的时候也是一样，你也应该适当夸奖他，这样，你也一定能获得他的好感。

在一些谈话当中，我们要学会听出讥讽、嘲笑、挖苦之类的特殊语。对方之所以会向你说这种话，一定是因为对你某方面感到不满，才会如此说的。一旦遇到这种情况，你不要立刻反驳，或马上就显得很生气，最好拿出宰相度量，当没有听见，免得发生不必要的冲突。

不过，在事后，我们也应该自己检讨一下，为什么别人会讥讽你、嘲弄你？是你自己做错了事情，还是在无意中得罪了他，引起他对你的不满，抑或只是对方无中生有来打趣你呢？

考虑过各种情况，明白原因之后，再做出恰当的回应，如果真的是自己做错了事，对方已用他的方式为你指出，你该及时纠正自己的行为，庆幸自己"因祸得福"了。

第三章
透过行为举止，参悟对方心理

　　任何五官健全的人必定知道他不能保存秘密。如果他的嘴唇紧闭，他的指尖会说话；甚至他身上的每个毛孔都会背叛他。

——西格蒙德·弗洛伊德

　　人们总要通过行为举止来实现自己的目的，因此在行为举止里往往也隐藏了大量的真实的内心信息。这些信息往往是通过人的动作变化而渐渐变得清晰的，我们通过它就可以看出一些人的心理秘密、个人喜好和性格特征等。

——乔林《冷读术》

从信手涂鸦读懂人心

涂鸦发源于 20 世纪 60 年代，是指在墙壁上乱涂乱画出的图像或画作。

纽约布朗克斯区是纽约最穷的街区，居住在这个区域的年轻人喜欢在布朗克斯的墙面上胡乱涂画各自帮派的符号以占据地盘。一些非帮派画家认为在墙上作画是很好玩的创意，于是撇开了帮派意识，逐渐形成了城市涂鸦这门艺术。

从此，涂鸦作为一种艺术形式传遍了世界各地。

或许我们大多数人都有这样的经历，在某一时刻（尤其是在极其无聊的时候）会在一张纸或是其他的什么东西上随便地涂涂写写，这也是一种涂鸦的方式。

有心理学家指出，这种信手涂鸦，往往能显示出一个人的性格来。因为人内心的真实感觉，正是通过涂写这个过程显露出来的。

喜欢画三角形的人，理解能力和逻辑思维能力比较强。在绝大多数时候能够保持头脑清醒，思路清晰，有很好的判断力和决断力，但缺乏耐性，容易急躁、发脾气。

喜欢画圆形的人，凡事有一定的规划和设计，喜欢按照事先的准备行事。他们有很强的创造力和丰富的想象力。

喜欢画多层折线的人，分析能力比较强，而且思维敏捷，反应速度较快。

因为单式折线代表内心不安，所以喜欢画单式折线的人，在很多时候都处在一种相对紧张的状态之中，情绪不稳定，时好时坏，让人难以捉摸。

喜欢画连续性环形图案的人，多能够将心比心，站在别人的立场上为别人着想。在大多数情况下他们都对生活充满了信心，而且适应能力很强，无论什么样的环境都能很快地融入其中。他们对现状感到满足。

喜欢在小格子中画上交错混乱线条的人，有恒心有毅力，做什么事情都有一股不达目的誓不罢休的劲头。

喜欢画波浪形曲线的人，个性随和，而且富于弹性，适应能力很强。善于自我安慰，遇事愿意往好的方面想。

喜欢在一个方格内胡乱涂画不规则线条的人，说明他的情绪低落，心理压力很重，但不会产生悲观厌世的想法，对人生还抱有很大的希望，并会寻找机会，解脱自己，朝积极向上的方向努力。

喜欢画不规则曲线和圆形图形的人，心胸多比较开阔，心态也比较平和，对环境的适应能力很强，但有时显得玩世不恭。

喜欢画不定型但棱角分明图形的人，多竞争意识比较强。争强好胜，总是希望自己能够胜人一筹，而事实上，他们也在不断地为此而努力，并且可以在关键时刻做出巨大的牺牲。

喜欢画尖角的图案或紊乱的平行线的人，表明他的内心总是被愤怒和沮丧充斥着。

喜欢在格子中间画人像的人，他的朋友很多，但敌人也不少。

喜欢写字句的人，多是知识分子，他们的想象力比较丰富，但由于经常生活在想象当中，有点不切合实际。

喜欢画眼睛的人，其性格中多疑的成分占了很大的比例。这一类型的人有比较浓厚的怀旧心理。

喜欢涂写对称图形的人，做事多比较小心谨慎，而且习惯于遵循一定的计划和规则。

喜欢画一些短短的线的人，尤其是周围有一大片空白，这些线不是相互平行，就是成直角排列。喜欢顺手画这些东西的人多是性格比较内向的。他们对这个社会和自己所处的环境充满了恐惧感，总是想方设法地逃避。他们可能也很聪明和智慧，但通常不会有什么好的想法和创意，因为他们总是被一些无形的东西局限了正常的思维和思考，从而使自己无法进行突破和超越。很大程度上那些使他们受到局限的东西，完全是他们强加到自己身上的。

喜欢顺手涂写像云一样的弯曲造型，又像风扇和羽毛的人，对新鲜事物的接受能力往往是很强的，而且也具有很好的适应能力。一条曲线包含着另一条，表示他们对周围人是相当敏感的。在遭遇挫折和磨难的时候，他们多能够保持相对的冷静，积极寻找解决的办法，而不是不加思考，贸然动手。而且这一类型的人，他们时常会沉浸在某种幻想当中，有一点不切合实际。

习惯于画有棱有角二维空间的四方形、三角形、五边形等几何图形的人，他们多具有十分严谨的逻辑性，而且是善于思考的。他们的组织能力相当强，但有时也会让人产生错觉，认为他们太过执着于自己的信念。他们无法容忍那些想改变自己或否定自己意见、看法的人。他们在为人处世等方面多少有一些保守，但在面对各种事物时，能够做到胸有成竹，知道自己该做些什么，怎样做。

　　喜欢画三维空间的正方体、三棱锥、球体等几何图形的人，他们多比较深沉和稳重，比较现实和实际，性格弹性很大，在大多数时候能够做到收放自如。在面对不同的情况时，他们能够及时地调整自己。他们善于将比较抽象的东西变成具体化、通俗易懂的内容。他们大多有很好的经济头脑，是做生意的人才。这些人与人沟通能力也比较强。

　　喜欢画飞机、轮船和火车的人，从其所画的图形表面上理解，他们像是旅行爱好者，希望把各旅游景点全部看个遍，可实际上，他们是在发泄自己的愤怒和挫折感。他们时常会失去希望，而陷入迷茫当中，并且在挫折和困难面前，表现得很消极。他们的自信心并不强，对自己也不抱什么希望，总是把希望寄托在他人身上。

　　喜欢画有趣的线条、圆圈和其他图形的人，大多是富有创造力的。他们对于许多未知的领域都有相当浓厚的兴趣，并打算进行尝试。对他们而言，没有什么事情是绝对的，他们时常自相矛盾，对一个问题，可能会有许多不同的答案。在生活中，他们时常会把自己弄得筋疲力尽，可到最后却还是无法理出一个头绪来。他们具有一定的才华，很博学，但却没有几样是十分精通的。

　　喜欢画各种不同面孔的人，大多是借画画的过程发泄自己内心的某种情绪。喜欢画笑脸的人多是知足常乐者；画皱着眉头的人则恰恰相反，可能是永远也不会感到满足；画苦瓜脸或是扭曲变形的脸，多代表他的内心是非常痛苦和混乱不堪的；画大眼睛则代表他的生活态度非常乐观；画一脸茫然的小人，用一个平凡的点代表眼睛，或是一条直线代表嘴巴，则表示他的心里有疏离感。

不断地画同一个图形的人，有很强的获得欲望。一般来说，这一类型的人的希望变成现实的机会都比较大，因为他们有股不屈不挠的精神，一旦确定了目标，就不会轻易地改变。他们在遭遇挫折的时候可能也会失望，但绝对不会放弃，他们会用最快的速度调整自己的心情，再去争取。他们有野心也有干劲，在什么时候都知道自己在做些什么。

喜欢画花草树木以及田园景象的人，多是性情温和而又非常敏感的人。他们对形状和颜色往往具有比其他人都突出的鉴赏力。这一类型的人多在文学、艺术等方面具有相当的才华和成就。他们淡泊名利，与世无争，向往安静平和的生活。

不断地写着自己的名字，练习各种新鲜的字体，这一类型的人自我表现欲望是相当强烈的，可能会为此做出一些让人无法接受的事情来。他们会经常感到迷茫和无助，不知道自己该做些什么。他们不断地重复写自己的名字，是一种潜意识中不断地自我肯定，目的是克服目前困扰自己的某种情绪。

从签名方式读懂人心

每一个人都会有不同的签名，也就是说，每一个人的签名都是独特的。有心理学家研究，一个人的签名方式代表了他的个性。从签名的方式也可以观察出一个人的性格特征。

在签名时，喜欢把最后一笔当作底线，而这一底线又是强劲有力，笔直而不显夸张的，这类人的性格就如同这底线一样。他们一般而言是有着非常强烈的自信心的，而且有一股不屈不挠的精神，这从他们做事的过程中最能够体现出来，一件事情，在没有完成之前，他们会始终坚持着，不会轻易放弃，哪怕这其中要付出很大的代价也在所不惜。

签名时的字非常小，而且又紧紧地凑在一起，这是表明签字者想要用最小的空间做最大的用处，所以说他们是十分懂得节俭和精打细算的人。他们不会太在意其他人怎样看自己，只要是自己认为做起来有意义的事情，就会义无反顾地去做。他们做事情常常初衷是好的，可是最后却达不到预期的效果。

在签名的时候，习惯于写大字体、花体字、装饰字的人，多是缺乏一定的自信心，他们想借这样一种方式来掩饰自己信心的不足，可实际上却还是无法掩饰，所签名字的字体虽然看起来很有一些味道，但只要仔细一看就知道其中缺少了内在的东西，也就是所谓的一种神韵。

签名向左斜，其他字向右斜，这种类型的人，多有很强的叛逆性，但这种叛逆性可能并不是自己真实本性的流露，而可能是佯装出来的潇洒。他们很多时候，总是不断地过分追求一些表面化的东西，给人造成一种假象，觉得其是一个十分不好亲近的，而且显得很冷淡和漠然的人，可实际上，他们是十分平易近人而又和蔼可亲的，并且也乐于与人交往。

签名向右斜，而其他的字向左斜，这种类型的人，往往具有比较高超的社交经验，他们会很快就让自己成为他人关注的焦点，其中除了使用一些为人处世的技巧外，主要的还在于他们开朗、热情而又诙谐幽默的个人魅力。虽然在表面上看来，他们与其他人以及所在的场合是完全融合在一起的，但是实际上，他们常常会跳出圈子之外，以一个旁观者的眼光来审视一切，这样更有利于他们为人处世。

签名时的字不断地下降，表明这是比较容易疲劳的一类人。他们在面对某一问题时总是缺少足够的信心和耐力，遇到挫折和困难时，常会有无法承受的感觉，从而妄图采用逃避的方式拒绝承担责任。

签名时的字不断地上升的人，多是有很强自信的，而且他们雄心勃勃，并有坚信自己必胜的决心。他们做事之前，一般都会有一番比较严密的思考，然后制订出一定的计划和方案，最后在确保不会有太大闪失的情况下，才会行动，他们有一股不屈不挠的韧性，从来不会轻言放弃，他们的成功多是从最底层开始，一点一点建立起来的。

签名字体比一般字体要大得多的人，自我表现欲望强烈，而且还有一些自我膨胀的倾向。他们多强调的是一些表面化的东西，希望在视觉上给人留下耳目一新的印象。他们的这一目的在很多时候都能达到，但这也是最后的底线了，而无法往更深层次发展。这一类型的人缺少内涵，所以只能在外表上多下功夫。

签名字体比一般字体小的人，与签名字体比一般字体大的人恰恰相反，他们一般没有自我膨胀的感觉，甚至总是以为自己是非常渺小而没有影响力的。他们时常会回避本该属于自己的荣誉和赞扬，而进行自我贬低。

一些人的签名的字迹让人无法辨认，别人根本就认不出是什么字。这样的人性格多是比较复杂的，他们或是能够很好地掩藏自己，或是不断地变化，总显得喜怒无常，所以让人摸不到一点头绪，也无从下手来进行了解。他们对罩在自己身上的神秘面纱并不讨厌，同时也很喜欢把自己当成一个很另类的人，让他人投入更多关注的目光。

签名的时候，喜欢画波浪底线的人，多是比较圆滑和世故的，他们深谙在当今这个社会上得以立足的根本是什么，所以在任何时候，他们都能够凭借自己的深思熟虑，以及多年来总结出的人生经验，使自己处于有利的位置，占据主动而不是陷入被动。

喜欢画圆圈式签名的人，性格多是很孤僻的，他们在感觉上缺乏安全感，所以会无端地对他人进行怀疑和猜测。他们有较强烈的恐惧感，所以迫切希望自己能够与外界完全隔离开来，这样，他们在心理上才会安静下来。他们讨厌被人干扰。其实他们所有的不安全和恐惧感全部都是自找的，是对他人缺少必要的信任而造成的。

签名时始终有一条线是贯穿其中的人，这样的人有自卑心理，他们常常否定自身存在的价值，极度不自信，总是认为自己一无是处。他们的生活就是在这样不断的自我责问中过来的。

习惯于签名之后跟着句号或是破折号的人，他们为人处世大多是相当小心谨慎的，而事情失去控制的时候，大多都能想出比较好的解决办法。这一类型的人，比较多疑，并常会为此而带来苦恼和困扰。他们做事多遵循一定的模式，甚至还会经常寻找他人是否有对自己不利的行为，一旦找到，彼此的关系也就宣告结束了。

在签名时时常省略某一笔画的人，性格大多是豪爽而又大气的，不会太在意一些细节上的问题。他们凡事不会太较真，只要大体说得过去就可以了，有时候马马虎虎，得过且过。他们很健忘，为此常会把一些很重要的事情耽误了。

签名的字还是和学生时代的字迹一样，缺乏成熟、独特的形式和流畅感，字体大小排列不整齐。这样的人在外表上虽然看起来显得相当成熟，但他们在实质上还是不成熟的。他们常常会产生一些很幼稚，甚至不切合实际的想法，但他们自己却感觉不到这一点。

图案式的签名看起来显得非常高雅而有节奏感，这一类型的人也和他们的签名一样，是具有一定品位的，他们有很高的学识和很好的修养，为人处世也极有礼貌。他们沉着稳重，充满自信，而且意志力坚强，在绝大多数时候，一旦打算要做某件事情，就会像他们的签名一样一气呵成，而不会半途放弃。他们很有自己独特的观点和见解，并且会坚持自己的思想，绝不轻易向谁妥协。他们还有很好的想象力和创造力，常会取得一些出人意料的成就。

从阅读习惯读懂人心

不同的人会有不同的阅读习惯，买回一本书或是一份报纸，有的人会迫不及待地马上就读，但也有的人可能会把它先放在一边，等闲暇时再安安静静地读，这其中的差异就是由不同人的不同性格所致，所以通过阅读的状态和习惯，也可以对一个人进行观察。

有的人拿到一本书或是一份报纸后，不论时间、地点和场合，总是迫不及待地想看看其中到底讲了什么内容，即使是手头上正做着其他的事情，也会暂时先放一放。这种人多是外向型的，他们做事总是风风火火的，虽然劲头十足，但缺乏一定的稳定和沉着。他们的性格比较开朗和大方，真诚而又豪爽，生活态度也很积极乐观，有充沛的精力和热情，是不甘于寂寞的好动分子。他们虽然头脑很灵活，具有一定的随机应变能力，但是并不善于掩饰自己，常常是喜怒皆形于色，他人往往会看个一目了然。他们的适应能力和交际能力并不弱，所以在社会上还算吃得开。他们的思想比较超前，对于新鲜事物的接受能力也很快，常常会有一些大胆的想法。但缺点是太爱出风头，有些时候还有些刚愎自用。

也有一些人拿到一本书或是一份报纸以后，先将它们放在一边，尽快把自己手头上的工作做好，然后在没有任何干扰的情况下，再将之拿出来，静静地仔细认真阅读，看到比较好的内容，说不定还会剪下来贴到剪报上去。这一类型的人大多属于内向型的，他们不怎么说话，也不善交际，所以人际关系并不是特别的好。但是他们却很有自己的思想和主见，不说则已，一说常常是一鸣惊人。他们很注重于现实，不会有一些不切合实际的想法和做法，自我约束能力比较强，个性独立，办事认真，只要是做，就会力争把事情做好。他们对周围的人，一般不是很热情，不希望从其他人那里得到什么。他们很懂得自得其乐。

有一种人拿到一本书或是一份报纸以后，只是先大概地浏览一下，然后就放在一边不看了，因为他们很难静下心来——仔细地阅读。这样的人性格大多外向，生活态度是积极而又乐观的，但有一些随便。他们具有一定的幽默感，善于交际，兴趣广泛，耐不住寂寞，他们希望生活中永远都有许多朋友和欢声笑语。他们具有一定的组织能力，精力一般比较充沛，但自我约束力差，做事经常马马虎虎，得过且过，且时常招惹一些是非。

还有一类人拿到书或是报纸时，先放在一旁不看，只等到自己无事可做，或是心情烦闷的时候才把它们拿出来，权当是一种解闷的消遣。这一类型的人性格孤僻，而且还有一些多愁善感。他们为人处世缺乏坚决果断的魄力和勇气，不善于交际，常孤芳自赏，自命清高。他们有很丰富的想象力，但又有些不实际。他们善于体察别人，具有一定的同情心，思想比较单纯，为人憨厚，一般不愿意伤害别人。

从刷牙方式读懂人心

从每日例行的刷牙这一件小事上，也可以看出一个人的性格特征和心理状况。

在刷牙的时候采取的是上下刷方式的人，一般自主意识比较强，不喜欢受他人的限制和约束。他们生活的态度比较积极，即使遇到一些挫折和磨难，也能够以一种比较乐观的态度去面对，所以在他人看来，这样的人是能够给别人带来欢乐的，并且是可值得依赖的。他们通常能够营造出比较和谐的社会人际关系。

采用左右刷牙的方式一般来说是不太正确的，但既然形成了习惯，可能也就感觉不出错误来了。这种人心中有很多不安的因素，他们的叛逆性一般来说都是很强烈的，也没有足够的宽容和忍耐力，所以会经常和人争论，引起冲突，哪怕是为了一些鸡毛蒜皮的小事。这种人由于其性格注定很难营造出相对良好的人际关系，有时不是别人和他们过不去，恰恰可能是他们和人家过不去。

只在早上起来刷牙的人，一般来说是相对比较注意自己在他人眼中的形象的，同时他们也在尽力把自己最好的一面呈现在他人的面前。

只在晚上刷牙的人，多比较缺乏安全感，所以凡事总是要做得妥妥当当的，以使自己安心和放心。这样的人为人处世多比较干脆和利索，没有过多庞杂的而又无具体意义的琐事。他们追求在最短的时间内以最小的精力来完成一件事。他们对事情的结果不要求尽善尽美，说得过去就可以了。

把牙膏用到连牙膏管都卷起来的人，多是具有勤俭的美德，他们轻易不肯浪费任何东西，一旦浪费了，心里就会感到特别不舒服。这样的人在生活中多是一本正经、中规中矩的。

在刷牙时，习惯于从中间挤牙膏的人，目光多是不太长远的，他们对现在的关注程度要远远超过未来，可以算得上是一个及时行乐者。

使用冲牙机清洁牙齿的人，对于接受新鲜事物的能力，一般来说是很强的，但这样的人，有喜新厌旧的倾向，接受容易，放弃也比较容易。他们的骨子里有很多不安分的因素，喜欢追求新奇、刺激的各种事物，只要是新的，对他们就有非凡的吸引力。

使用电动刷牙机清洁牙齿的人，是一个很懂得享受的人，他们乐于凡事不用自己动手就可以达到目的。在自身条件允许的情况下可以使自己很好地享受时，自然不必说，对于无法达到的，也常会沉迷于幻想当中，但却不一定真正能够付诸行动。

使用牙线清洁牙齿的人，在为人处世方面多是谨慎小心的。他们多有很强的自信心和责任心，能够很出色地完成一件工作，而且由于他们很讲信誉，多会得到他人的信任和肯定。

从握手方式读懂人心

握手，是现代社会中人与人交往一种较为普遍的礼节。虽然只是一握，但这其中却也有很大的学问。有专家研究表明，握手可以反映出一个人的很多信息。通过握手的方式也可以观察出一个人的性格特征。

握手时的力量很大，甚至让对方有疼痛的感觉，这种人多是逞强而又自负的。但这种握手的方式在一定程度上又说明了握手者的内心比较真诚和热情。同时，他们的性格也是坦率而又坚强的。

握手时显得不甚积极主动，手臂呈弯曲状态，并往自身贴近，这种人多是小心谨慎、封闭保守的。

握手时只是轻轻地一接触，握得不紧也没有力量，这种人多属于内向型的人，他们时常悲观，情绪低落。

握手时显得迟疑，多是在对方伸出手以后，自己犹豫一会儿，才慢慢地把手递过去。排除一些特殊的情况，在握手时有这种表现的人，性格多内向，且缺少判断力，不够果断。

不把握手当成表示友好的一种方式，而把它看成是例行的公事，这表明此种人做事草率，缺乏足够的诚意，并不值得深交。

一个人握着另外一个人的手，握了很长的时间还没有收回，这是一种测验支配力的方法。在商业交易谈判中，如果其中一个人先把手抽出、收回，说明他没有另外一个人有耐力。相反，另外一个人若先抽出、收回手，则说明他的耐心不够。总之，谁能坚持到最后，谁胜算的把握就大一些。

有些人虽然在与人见面时，把对方的手握得很紧，但只握一下就马上放开了。这样的人能够很好地处理各种关系，对每个人都好像很友善，可以做到游刃有余。但这可能只是一种表象，其实在他们内心里是非常多疑的，他们不会轻易地相信任何一个人，即使别人是非常真诚和友好的，他们也会加倍地提防、小心。

那些在握手时非常紧张，掌心有些潮湿的人，在外表上，他们的表现冷淡、漠然，非常平静，一副泰然自若的样子，但是他们的内心却是非常不平静的。只是他们懂得用各种方法，比如语言、姿势等来掩饰自己内心的不安，避免暴露一些缺点和弱点。他们看起来是一副非常坚强的样子，所以在他人眼里，他们就是强人。在比较危难的时候，人们可能会把他们当成是一颗救星，但实际上，他们自己也非常慌乱，甚至比他人还要严重。

握手时显得没有一点力气，好像只是为了应付一件不得不做的事情，而被迫去做的。他们在大多数时候并不是十分坚强，甚至是很软弱的。他们做事缺乏果断、利落的干劲和魄力，而显得犹豫不决。他们希望自己能够引起他人的注意，可实际上，其他人往往在很短的时间内就会将他们忘记。

用双手和别人握手的人，大多是相当热情的，有时甚至热情过了兴，让人觉得无法接受。他们大多不习惯于受到某种约束和限制，而喜欢自由自在，按照自己的意愿生活。他们有反传统的叛逆性格，不太注重礼仪、社交等各方面的规矩。他们在很多时候是不拘于小节的，只要能说得过去就可以了。

把别人的手推回去的人，他们大多都有较强的自我防御心理。他们常常感到缺少安全感，所以时刻都在做着准备，在别人还没有出击但有这方面倾向之前，自己先给予有力的回击，以占据主动。他们不会轻易地让别人真正地了解自己，如果是这样，会使他们的不安全感更加强烈。他们之所以这样，在很大程度上是自卑心理在作祟。他们不会去接近别人，也不会允许别人轻易接近自己。

习惯于不停地摇晃握手的人，他们大多有相当充沛的精力，能同时应付几件不同的事情。他们做事非常有魄力，说到做到，干脆而又利落。除此以外，这一类型的人为人也较亲切、随和。

像虎头钳一样紧握着对方的手的人，在绝大多数时候都显得冷淡、漠然，有时甚至是残酷。他们希望自己能够征服别人、领导别人，但他们会巧妙地隐藏自己的这种想法，而是运用一些策略和技巧，在自然而然中达到自己的目的。从这一方面来说，他们是很善于工于心计的。

从吃饭方式读懂人心

与人相处，一起用餐时观察人的机会最多，多利用这些机会就更容易读懂人的心理。

喜欢站着吃饭的人，并不是特别地讲究吃，他们会尽力讲求简单、方便，既省时又省力，只要能填饱肚子就可以了。他们在生活中，并没有太大的抱负和野心，很容易满足，他们的性格很温和，懂得体贴别人，为人也很慷慨和大方。

边做边吃的人，其生活节奏是很快的，因为有许多事情要做，他们显得也比较繁忙，但他们并不将此当作自己的烦恼，甚至还觉得很高兴。

边看书边吃饭的人，是明显地属于那种为了活着才吃饭的人。他们吃饭只是为了维持身体的需要，如果不吃饭也仍旧可以活着，那么他们会放弃这一件既耽误时间又浪费精力的事情。这类人他们的时间表总是安排得满满的，为了能够做更多的事情，他们不得不想方设法地挤时间。这类人大多有野心，并且也有具体的计划可以使自己的梦想变成现实。他们拥有积极向上的乐观精神，总会把想法付诸实践。

边走边吃东西的人，虽然给人的感觉是来也匆匆、去也匆匆，像是时间很紧张的样子，但实际则不一定是如此，可能是由于他们自己缺少组织性和纪律性而造成的紧张。这样的人比较容易冲动，经常意气用事，结果会把事情搞到不可收拾的地步。

经常有饭局的人，多属于外向型的人，而且人际关系处得也比较好。这样的人，如果不是有某一方面较突出的才能，具有一定的权力和地位，就是为人比较亲切、和蔼，并深谙人情世故，比较圆滑和老练。

狼吞虎咽、风卷残云，扒拉两下子，一顿饭就吃完了，这样的人大多有较旺盛的精力，他们的性情很坦率和豪爽，待人真诚、热情，做事干脆、果断，自我意识比较强，但有些时候常常自以为是，而听不进他人的规劝。他们有很强的竞争心理和进取精神，绝不会轻而易举地就向谁妥协或认输，而总是要与对方拼上一拼，搏上一搏。

吃东西的速度极慢，总是细嚼慢咽的人，他们在为人处世方面多是相当重视过程的，在过程和结果这两者之间，常常是过程会给他们带来更大的快乐和满足。他们做事周密严谨，一般时候不会打没有把握的仗。他们比较挑剔，对人对己要求都比较严格，有时甚至达到苛刻、残酷的程度。

吃东西不知道加以节制，看到喜欢的就一定要吃个够，这一类型的人，性格大多比较豪爽和耿直，他们有很好的人际关系，具有一定的组织能力，能使自己的周围经常团结着许多人。他们不懂得也不会掩饰自己的情绪，喜怒哀乐往往全部写在脸上，让人一目了然。

从来不喜欢和他人一起进餐，而乐于自己单独一个人静静地吃，这样的人大多性格比较孤僻，有些自命清高和孤芳自赏。他们比较坚强，做事也很稳重，具有一定的责任心，能保持言行的相对一致，做到言必信，行必果。一般来说，他们在很多时候都能让自己的上司、亲人、朋友感到满意。

对所吃的食物不加以选择，常常是来者不拒，这样的人大多亲切而随和、不拘小节，更不会为一些鸡毛蒜皮的小事而计较。一般来说，他们的头脑是比较聪明的，很有才华，而且精力相对旺盛，能够同时应付几件事情，还能做到游刃有余。

喜欢一边看电视一边吃饭的人，多是比较孤独的，电视或许是他们消除内心孤独的较好方式之一。

吃饭速度比较快的人，做任何事情都重视效率，而且也追求速度，他们总是希望在最短的时间内将事情做完做好。对他们而言，事情的结果相对更重要一些。

吃饭喜欢细嚼慢咽的人，与吃饭速度很快的人恰恰相反，他们是属于那种慢性子的人，凡事都能以缓慢而又悠然的方式来做，这从一个侧面也说明了他们是懂得享受的人。

习惯于自己带饭盒来解决吃饭问题的人，是相对较传统、节俭的人，他们会遵从于自己的某些想法和做法，而不会受外界的干扰就轻易改变。

在外边吃饭把剩余的饭菜带回家，说明这是一个非常节俭的人，不会轻易地浪费任何东西，同时他们也是缺乏安全感的人，总觉得自己在不断地受人剥削，但实际情况并不是如此。

喜欢在餐厅里吃饭的人，多是比较懒惰而又好享受的，毕竟在餐厅里有人侍候，而不用自己动手，但其前提是在经济条件允许的情况下。如果经济条件不允许还这样做，就显得十分不恰当了。这样的人不善于照顾自己，但他们希望他人能够体会到自己的这种心情，并来关心和照顾自己。他们不太肯轻易地付出，往往会在他人付出以后自己才行动。

经常在家里吃饭的人，在一定程度上表明他们对家庭是相当重视的，具有一定的责任心。他们不太热衷于被人照顾和侍候，这样有时反倒会让他们感觉不自在，他们更倾向于自己动手。

吃饭时定时定量，说明他们是生活十分有规律的人，而如果没有特别意外的事情发生，这些规律是不会轻易改变的。他们的生活虽然很有规律，但并不意味着为人处世呆板教条，相反可能很灵活。只是无论在什么时候，他们都具有一定的原则性。

总是要求别人给自己东西吃，这样的人依赖性一般来说是很强的，他们总是不能很好地安排自己的一切，但又有些贪图享受，而且还希望这种欲望得到满足。他们情愿别人永远把自己当成一个孩子一样地宠着。他们的责任心并不是很强。

没有吃早餐习惯的人，一般可以分两种情况来讲，一种是生活时间表安排得太满了，忙得没有时间吃早餐，这样的人大多是有很强的事业心和责任心，为了更有意义的事情而放弃个人的利益，吃早餐在他们看来并不是十分重要的事情。另一种就是吃早餐的时间已经到了，可他们还没有从床上爬起来，这又分两种情况，一是前一夜工作得太晚太累了，二是整天无所事事，只是赖在床上来耗时间。

只习惯于吃晚饭的人，多是能够严格要求自己，会给自己制定一个目标，鼓励自己朝着目标努力，并告诉自己达到什么样的程度，就可以得到什么样的奖励，以便更好地进行工作、学习或是生活。

整天吃东西的人,多是无所事事,闲着无聊的人。其实他们并不饿,只是靠不断地吃东西来使自己活动起来,消除内心的烦躁和焦虑。

从烹饪习惯读懂人心

"民以食为天。"从某种意义上来说,人存在的最大目的就是吃,因为通过吃东西,摄取各种物质和营养,保证身体的健康,然后才有精力去做其他的事情。吃是一种文化,这其中的学问可谓大矣。

既然说到吃,首先要有吃的东西,而这些又需要一个准备的过程。一个人在准备食物的时候持什么样的态度,往往会透露出他对生活的某种感受。准备食物并不是一件特别复杂的事情,但准备的方法和过程,却可以显示出一个人许多内在的东西。

烹饪是一种艺术,更是一种享受。有很多人乐于自己动手,准备一切。这一类型的人,独立意识比较强,从来不企图依靠别人来达到自己的某种目的,同时他们对他人也缺乏足够的信任感。他们有非常强烈的依靠自己的意识,不会轻易相信任何人。他们很满足于自己完成某件事情,并获得成功以后的那种成就感。他们不自卑,即使是陷在困境中,也对自己充满了自信,相信自己一定可以渡过难关。

在烹饪时经常采取剁、揉的方法,这一类型的人多属于实干型的人,他们很实际,总是能够以非常积极和诚恳的态度来面对生活中的各种问题。他们的生活节奏多是相当快的,有很多有意义的计划正在不断地实施中。他们的生活态度相当积极，只要决定去做一件事情，就会全身心地投入，尽量把它做好。他们有可贵的积极探索的精神。

喜欢按照有关烹饪的书籍做菜的人，他们多少显得有些呆板，凡事喜欢依据一定的法则，如果没有这一类指导性的东西，就会显得手足无措，他们习惯于被人领导，而不可能领导别人。他们总是过分地追求各种精确严谨的细节，从来不会轻易放弃任何一件他们认为重要的事情。他们对自己并没有多少自信心，随机应变能力比较差，遇到一些突发事件，常会惊慌失措，不知该怎样办才好。

只是凭着自己的感觉进行烹饪的人，这一类型的人比较善变，常凭着一时的冲动感情用事。他们不愿意受到他人的约束和限制，喜欢自由自在随心所欲地做自己想做的事情。他们很少向他人做出承诺，因为他们非常了解自己，知道有些事情自己根本无法兑现。他们的心地还是善良的，并不想去伤害别人，可到最后还是会有许多人受到他们的伤害，他们会为此感到难过，但并不想改变自己什么，或许也是改不了。

从睡眠习惯读懂人心

一个人以什么样的姿势睡觉，是一种直接由潜意识表现出来的身体语言。

观察和了解一个人的性格有很多种方法，但比较贴切的方法却并不多，睡姿是其中的一种。

一个人无论是假装睡觉还是真正的熟睡，睡姿都会显示出其在清醒时，表露在外或隐藏在内的某种思想感情。

在睡觉时采用婴儿般的睡姿，这一类型的人多是缺乏安全感，比较软弱和不堪一击的。他们的独立意识比较差，对某一熟悉的人物或环境，总是有着极强的依赖心理，而对不熟悉的人物和环境则多有恐惧心理。他们缺乏逻辑思辨能力，做事没有先后顺序，常常是这件事情已经发生了，却连准备工作还没有做好。他们的责任心不强，在困难面前容易选择逃避。

采取俯卧式睡姿的人，大多有很强的自信心，并且能力也很突出。在绝大多数情况下，他们都能很好地把握住自己。他们对自己有非常清楚的认识，知道自己是谁，也知道自己在做些什么。对于所追求的目标，他们的态度是坚持不懈，有信心也有能力实现它。他们随机应变的能力比较强，懂得如何调整自己。另外，他们还可以很好地掩饰自己的真实感情，而不轻易让他人看出一点破绽。

喜欢仰睡的人多是十分开朗和大方的，他们为人比较热情和亲切，而且富有同情心，能够很好地洞察他人的心理，懂得他人的需要。他们是乐于施舍的人，在思想上比较成熟，对人对事往往都能分清轻重缓急，知道自己该怎样做才能达到最好的效果。他们的责任心一般都很强，遇事不会推脱责任选择逃避，而是勇敢地面对，甚至是主动承担。他们优秀的品质赢得了他人的尊敬，又由于对各种事物能够做出准确的判断，所以很容易得到他人的信赖，也会为自己营造出良好的人际关系。

脸朝下，头摆在双臂之间，膝盖缩起来，藏在胸部下方，背部朝外，采取这样一种睡姿的人，通常具有很强的防卫心理，并且这种心理时刻存在着，准备随时出击。他们的自主意识多比较强烈，不会听从他人的吩咐和摆布，去做一些自己并不愿意做的事情，更不会向权势低头，如果有人强行要求他们，他们就会采取必要的措施。

双手摆在两旁，两脚伸直坐着睡，这种睡姿在生活当中并不多见，但仍然存在。这一类型的人大多时刻处在一种高度紧张之中，他们的生活节奏多是相当快的，而且规律性较强。每天在什么时间做什么事情似乎已固定下来，而他们在这个过程中，身体像条件反射一般，已在自然而然中形成了一定的规律。

在睡觉时握着拳头，仿佛随时准备应战，这一类型的人如果把拳头放在枕头或是身体下面，表示他正试图控制这种积极的情绪。如果是仰躺着或是侧着睡觉，拳头向外，则有向人示威的意思。

双臂双腿交叉睡觉的人，自我防卫意识多比较强烈，不允许别人侵犯自己。他们的性格是脆弱的，很难承受某种伤害。他们对人比较冷漠、内敛，常压抑自己而拒绝真情实感的流露。

喜欢睡在床边的人，他们会时常缺乏安全感，理性比较强，能够控制自己，并尽量使这种情绪不流露出来，因为他们知道事实可能并不是这个样子，那只是自己一厢情愿的想法。他们具有一定的容忍力，如果没有达到某一极限，轻易不会反击、动怒。

在睡觉时整个人呈对角线躺在床上，这一类型的人多是相当武断的，他们做事精明干练，绝不向他人妥协，总是我说怎样就怎样，他人不得提出反对的意见。他们乐于领导别人，使所有的事情在自己的直接监督下完成。他们有很强的权力欲望，一旦抓住就不会轻易放手，而且越抓越紧，绝不愿与他人分享。

双脚放在床外的睡觉姿势是很容易使人疲劳的，但还有人选择这样一种睡姿。这一类型的人大多是工作相当繁忙、没有多少休息时间的人。他们的生活态度是相当积极和乐观的，在绝大多数时候显得精力充沛，而且相当活泼，为人也较热情和亲切。他们多具有一定的实力和能力，可以参与许多事情，生活节奏相当快。

从开车方式读懂人心

一个人控制汽车的方式和控制自己的方式，有许多相似之处。如果把车子视为一个人肢体的延伸，那么开车的方式，就是机械化的肢体语言。一个人在方向盘上的举动，反映出他在每天社交活动中的心情与态度。同样地，一个人在路上与其他车子所产生的关系，也正是生活中与他人关系的写照。

按规定速度开车的人，车对他们而言只是一种代步的工具，他们开车并不是为了寻找某种刺激，所以他们能够心态平和以正常的速度开车。这一类型的人比较传统和保守，他们在为人处世中大多采取中庸的态度，即使有很大的胜算机会，也不会冒险。他们遵纪守法，从来不做出格的事。他们为人诚实可信，从不马马虎虎，所以会与他人建立良好的人际关系。

驾车速度比规定速度低很多的人，他们最突出的一个性格特征就是胆小怕事，对于这一点，他们自己感到很苦恼，亲戚朋友对此也极度失望。在通常情况下，这一类型的人的嫉妒心也是很强烈的，他们嫉妒或是嫉恨那些超越自己的人。他们想奋起直追，可又常常跨越不出自我的樊篱。同时，他们对自己缺乏足够的自信，总是觉得什么也把握不住。他们在渴望权力和金钱的同时又在极力逃避，一旦掌握了某些东西，他们就会将其威力减弱到最低程度。

喜欢超速行驶的人，大多自主意识比较强，他们讨厌任何一个人为自己立下一定的规矩，并且也不允许有人这样做。如果有人强行要做的话，他们可能就会采取相当极端，甚至是非常危险的方式来进行阻止。他们对生活的态度是积极、乐观和向上的。他们淡泊名利，只是希望一切都随心所欲，自己活得快乐就好。从某种程度来说，他们憎恶金钱和权势。

由他人驾车，自己习惯于坐在后座上的人，一般来讲，他们的取胜欲望是相当强烈的，从来不愿意自己输给他人。对他们来说，他人的成就是一种威胁，他们害怕自己会失败，所以会严格要求自己成功。正是在这种激励之下，他们才会不断地前进。他们的自信心很强，而且有良好的自我感觉，并不断地寻找机会以证明自己的重要性。他们希望他人对自己有强烈的依赖性，凡事都来征求自己的意见。

有的人遇到红灯或是堵车等情况，会大声地按喇叭，这一类型的人，大多是外向型的，脾气暴躁、易怒，在现实生活中，遇到不如意的事情，他们会经常尖叫、大喊、发脾气。他们随机应变的能力并不是很强，尤其是在挫折和困难面前，往往不知所措。他们自信心不强，周围人对他们常常是巨大的威胁。他们总是显得焦虑和不安，很少有心平气和的时候，而这种情绪的产生可能并没有什么原因或是理由。他们做事效率低，自身的能力也不突出，人们看不到他们有什么样的成就，但却总是显得匆匆忙忙的。

开车的时候不换挡的人，他们多不希望自己的一切都被他人安排得好好的，他们更热衷于自己独立去探索一条完全属于自己的道路，哪怕在这条路上坎坷不平，他们也毫不在乎。他们不会轻易地向别人请教，而是喜欢凭自己的感觉做事，与此相反，他们会时常给别人一些指教。他们具有一定的责任心，任何一件事情都能够尽职尽责。

只要绿灯一亮，就抢先往前冲的这一类型的人，头脑都比较灵活，反应比较敏捷，随机应变的能力强。他们习惯于凡事抢先一步行动，从某种程度上讲，这为他们的成功创造了许多机会。他们对成功的渴望往往要比其他人更强烈一些，他们有较强的竞争意识，生活态度也比较积极，但由于经验不足，也会时常跌倒。

等到绿灯亮了以后，最后一个发动车子的人，在他们的性格中，冷静、沉稳的成分比较多。他们在为人处世等方面也都是比较小心和谨慎的，总是要等到具有一定的把握以后才会行动。他们追求的最终目的是安全有保障，给自己带来的损失越小越好。他们为了保护自己，很懂得收敛，从来不会表现得锋芒毕露，这样可以避免被人拒绝或是被人伤害。

从旅游喜好读懂人心

随着社会的进步与发展，人们的生活观念也有了很大程度的改变和提高。现在，旅游已成为一种人们休闲的时尚和潮流。

喜欢欣赏风景的人，大多是渴望无拘无束，自由自在生活的。他们讨厌被人管制，他们对刻板的、乏味的、一成不变的生活充满了厌倦，而向往能有一些新鲜、刺激的东西注入生活中。他们想过的生活是丰富多彩的，最好一天一个样。他们具有相当充沛的精力，希望自己能够单独做一些事情。他们有丰富的想象力和创造力，总是不断地向新的未知领域挑战，制造出一些意外的惊喜，当然有时候也是灾难。他们具有一定的责任心，会对自己分管的事或人负起责任。

喜欢在海滩漫步的人，多是有些传统和保守的，他们生性有些孤僻，有隐居山林的欲望和倾向。他们对各种人际关系和交往并不热衷，所以人际关系并不是很好。他们没有太多的朋友，但一旦有，却是感情非常好的。他们有一定的责任心，尤其是对自己的子女，往往会投入相当大的时间和精力。

旅行时喜欢随旅游团旅游的人，在他们的性格中，理性成分往往要多于感性成分。他们具有一定的逻辑思辨能力，会把每一件事情都计划得井井有条，然后再去做。这一类型的人比较现实，不富于幻想，也从不期待着会有什么意外的惊喜出现。他们为人较坦率和豪爽，也比较大方，有好的东西，经常会拿出来与其他人一起分享。他们能够尊重和理解他人，比较赏识有才华的人。

喜欢到各地去探访亲戚朋友的人，是相当重感情的。他们在待人待物方面表现出来的最大特点就是真诚和热情，而不是虚伪和做作。在与亲人朋友相处的过程中，会给他们带来极大的充实感和满足感，他们把这一切看得都很重。他们多是实事求是的人。

喜欢出国旅游的人，多是比较时尚，喜欢追着潮流走的人。他们理想中的生活应该是不断地有所变化的，并且他们也在不断地创造这种可以变化的机会，这样会让他们觉得很刺激。另外，他们比较具有幽默感，这样可以使自己以一种相对积极、乐观而又向上的态度来面对生活，不会被生活中的一些挫折和磨难压垮，从而时刻保持着充沛的精力和热情。

喜欢旅行时在外露宿的人，他们的性格中传统的东西还是比较多的，这一类型的人品德素养水准比较高，懂得规范和约束自我的言行，使自己达到一定的境界，让人称叹。他们个性相对独立，具有一定的想象力和创造力，但他们的生活并不是存在于幻想之中的，他们在工作和生活中是很注重客观实际的。

从送礼方式读懂人心

我们每个人偶尔都会收到一份礼物，有时候也送礼物给别人。我们送礼物的目的在很多时候是不尽相同的，有的可能是对某人表示自己发自内心的真挚祝福，让对方感受到自己的这份心意；但有的很可能是一种人际交往的必需，大家都送礼物，唯独自己不送不好，所以也要送，这纯粹是走走形式的问题。但是无论哪一种送礼，送礼者都会选择一份非常合适的，能很好地表现自己情意的礼物。选择什么样的礼物，不同的人自然也不会相同，这从某种程度可以说是由人的性格所决定的。

花比较少的钱选购礼物，这样的人总是不断地追求一些表面层次的东西，希望能给人造成一种错觉，相信这是内在实质上的东西。诸如，有些人并不十分想念某一位朋友，但却会买一些很便宜，但看起来还像那么一回事的东西送给对方，告诉对方自己是多么惦记着他。这一类型的人常常会冲动，做事没有计划，意气用事，花费时间、精力和金钱，可是结果却做了一些没有实质意义的事情。他们的心胸不算太开阔，常为一些小事耿耿于怀，计较个没完没了。他们总是希望付出很少就能得到很多的回报。

在选购礼物时总是选择非常实用的东西的人，这一类型的人是非常现实的，尽管他们非常希望浪漫一下，能够制造出一些意外的惊喜，既愉悦自己，同时也取悦他人，可是又由于受到各方面条件的限制，比如说经济条件，他们便放弃了这一打算，又安于实实在在的生活。他们是注重生活实际的，所以也常常以同样的标准去要求别人，可结果却并不如意。就因为太现实了，生活如一潭死水，只为生存而生活，和他人的矛盾时有发生。

与现实的人相反的是非常浪漫的人，他们在选择礼物的时候，常常要花费很多的心思。他们总想制造一些意料之外的惊喜，多数时候会达到自己的目的。正是因为这份浪漫，他们会得到很多人的喜欢。可是他们是不适合于生活的人，他们大多只能生活在衣食无忧的富足家庭里，但是，不可能每一个家庭都那么富有，所以他们虽然在外表上很风光，但其实内心却十分空虚。

有的人在选择礼物时，总是希望能找到带有一些幽默感的东西，能让人笑起来，这一类型的人，是十分热情和亲切的，为人也比较随和，而且他们很聪明和智慧。他们的感觉很敏锐，能洞察到别人的内心世界，但又不擅长表达自己的真实想法。他们通常是很守信用的，只要是答应别人的事情，多会努力办成，而不让对方失望。

有的人选择礼物时要求必须独特，想引起其他人极大的注意，并为此不惜花费巨资，这一类型的人送礼物的目的不在于礼物本身，更主要的是想表现自己。他们个人的性格，就像所送的礼物一样，独特而又引人注目。他们的表现欲望总是特别强烈，时刻希望自己成为众人谈论的焦点。他们有勃勃的野心，希望能有一番大的成就。

在送礼物时选择送植物的人，多是缺乏自信，而且有些依赖性的。他们总是不断地怀疑自己、否定自己，对于自己提出的一项很好的建议，也会觉得没有把握。他们经常把希望寄托在别人身上，想去取悦别人。他们没有太多开拓、创新的胆识和魄力，所以很多时候都是随大溜，做"好好先生"，以保持中立。这样，无论发生什么事情，他们都不会负全部或是主要的责任。

凭自己的喜好送礼物的人，他们习惯于选择一件自己想要的礼物送给他人。这一类型的人，多是比较自私的，凡事喜欢从自己的角度和立场出发去考虑问题，而顾及不到别人的感受。同时，他们的目光应该说是短浅的，只着眼于现在，却不能放眼将来。

这样的人大多有一定的自信心，所以尽管有时候他们对人很苛刻，甚至蛮横无理，但还是能够达到自己的目的。他们很少去考虑别人的想法，却总是以自己的思想和标准去衡量和要求他人。有很多事情，虽然他们感觉到别人对自己十分不满，但却往往意识不到自身所存在的缺点。他们有很强的嫉妒心理，很难容忍他人获得比自己大的成就。他们很在意关系到自身利益的任何事情，自己不肯吃一点点的亏。

还有一些人，他们在送礼的时候，往往认为花的钱越多，就越有价值、有意义。所以他们常常会忽略所送的礼物与要送给的人是否合适，而选择非常奢侈和豪华的礼物。这样的人大多是比较爱面子，有些不切合实际的，而且他们的逻辑思辨能力似乎也不是很强。

喜欢自制礼物送给别人的人，大多是很有些个人特色的，也就是说，他们的性格比较突出，他们的想象力和创造力也不错，常会有一些发明创造。他们很勤劳，愿意享受自己动手制作的劳动成果。他们很看重家庭，思想比较传统和保守，对人较亲切和随和，富有同情心，在经济条件允许的情况下，会尽自己最大的努力去关心和帮助他人。他们常有很强的自信心。

第四章
通过爱好，看懂对方心理

任何一种兴趣都包含着天性中有倾向性的呼声，也许还包含着一种处在原始状态中的天才的闪光。

——张洁

兴趣是不会说谎的。

——英国谚语

癖好可以识人心

癖好是内在心理的真实流露，我们可以从人们的癖好入手，来更准确地识别人心。

癖好不同于一般的工作和学习，在很多时候，工作和学习都是有一定的目的性的。如果为了某一目的而做，甚至是做也得做，不做也得做，这就显得非常被动。可是癖好不一样，癖好完全是自己喜欢、感兴趣的，做它是为了愉悦自己。有什么样的癖好，就有什么样的性格。

喜欢表演的人，首先他们的性格中情感是相当细腻的，希望能够尝试不同的角色，体验不同的生活。除此之外，他们的想象力还应该特别丰富，这样他们才能把不同的角色揣摩到位、入情入境、表演逼真。情感敏锐、细腻，这都是喜欢表演的人的性格特征，但是这一类型的人，他们有些富有幻想而不切合实际。

喜欢做木工制品的人，他们的动手能力都是比较强的，凡事都希望能够自己解决，而不依赖别人。他们的自尊心比较强，如果总是依靠别人，会使他们的自尊心受到伤害。他们多怀有强烈的自信，坚信自己会成功。他们对新事物的接受能力比较快，敢于冒险，进行探索和尝试。

喜欢钓鱼的人，做事的时候对于过程的重视程度往往要多于结果。他们在做的过程中，能够体会到很多的快乐和对自我价值的肯定，但是对于结果的成败，则显得有些无所谓了。他们信奉的人生信条就是只要努力做了就无愧于心。他们在平日里显得比较散漫，看样子有些不在状态上，可一旦有事情发生，他们往往能够以最快的速度调整自己，积极地投入其中，他们大多有很强的耐性。

喜欢手工艺品和刺绣的人，大多是热情而富有爱心的，他们有很强烈的责任感，能够对每一个人和每一件事负责。他们的生活态度是积极乐观的，但并不会放纵自己。他们无论什么时候都知道什么是自己应该做的，什么是自己不应该做的。他们的自信心很强，经常会为自己所取得的成就而暗自陶醉，并从中获得一种满足感和成就感。

喜欢搜集钱币的人，其性格相对来说是比较保守和传统的，不太敢于冒风险，对于接受新鲜事物的能力比较差。他们多具有很强烈的责任心，尤其是对自己的子女更是疼爱有加。这一类型的人做事善始善终，比较追求完美，从来不会半途放弃，他们对结果的重视程度往往要大于过程。

喜欢搜集一些乱七八糟的东西，如啤酒瓶子、没用的盘子等占据一定空间的东西的人，多是进取心比较强烈的，他们在大多数时候都显得相当忙碌，好像总有许多做不完的事情。他们的怀旧情结比较浓厚，从这一点可以看出他们是很重感情的人。他们不会过分地放纵自己，而且很懂得节俭，欲望感不是特别强烈，在很多时候比较容易满足现状，有很强的自信心，会为自己所取得的成就而感到骄傲和自豪。

喜欢园艺的人，凡事都追求一个循序渐进的过程，然后让其自然而然，水到渠成。他们有一定的责任感，能对某个人、某件事情负责。他们自己心里会时常有一些欲望，为了使这种欲望变成现实，他们会努力地工作，在付出得到回报以后，好好地享受自己劳动的成果。

喜欢烹饪美食的人，大多是不甘于平庸和寂寞的人，他们总是要想方设法地使自己的生活中多些激情和色彩。他们有很好的创造力和想象力，并且总会给亲人和朋友制造一些意外的小惊喜。他们总是有着很高的目标和思想，并会为此而不断地追求、前进。

喜欢从事惊险活动的人，比如滑翔、跳伞、登山等，若想从事这些高度危险的活动，首先要求必须得有一个好身体。这样的人虽然在外表上看起来很健壮，但他们的思维却是非常缜密的，他们做事情总是非常小心，做一件事情深思熟虑，往往总是把可能出现的问题全部仔细考虑清楚以后才行动，他们对"三思而后行"这一句话往往有比他人更加深刻的理解。他们的性格是比较坚强和固执的，一旦决定要做一件事情，就不会轻易改变，无论遭遇到多大的困难，他们也都能扛得住。他们很有胆识和魄力，敢于向一些未知的领域进行挑战。

喜欢打猎的人，性格多是比较粗犷和豪爽的，很讲义气，凡事不会和人太计较。他们深知社会之现实，优胜劣汰，适者生存，所以会努力使自己成为一个强者，因为只有这样，才能更好地生存下去，他们有一定的勇气和胆识，很多事情都是敢作敢当，可称得上是一个顶天立地的人。

喜欢下棋、玩纸牌的人，他们的身体可能不那么强壮，但在智力上往往要胜人一筹。他们常把自己的聪明才智发挥得淋漓尽致，从而把对手逼得走投无路。在这个过程中，他们会获得很大的满足。喜欢下棋、玩纸牌的人，其逻辑思维和分析思考能力都是相当强的。他们常常能够比其他的人更能集中精力投入到某件事情当中，所以他们做事成功的概率会比较大。

喜欢飞机模型的人，其自我意识并不强烈，他们与喜欢不受人约束和限制、自由自在的人恰恰相反，他们往往更乐于听命于他人的领导和安排，这样他们就不会感到无所适从了。他们缺少必要的冒险精神，凡事把安全保险放在第一位。在遇到困难的时候，他们的情绪往往会显得相当急躁，这时候，只有出现一个领导者，指导着他们去做什么、怎样做，他们才会逐渐地稳定下来。

喜欢乐器的人，多是感性成分比较多的人，他们的敏感度是非常高的，总是能够在不经意间捕捉到一些好的或坏的感觉，这为他们带来快乐的同时也带来了许多苦恼。他们的性格并不是特别的坚强，反而相对比较脆弱，有的简直是不堪一击。他们希望得到别人的关心和爱护，但却并不一定能够去关心和爱护他人。

喜欢抽象画的人，他们的表现欲是相对比较强的，他们希望能够有更多的人注意到自己。另外，他们的自我意识比较浓，并不是十分在乎他人对自己的看法，而喜欢我行我素。他们的行为在很多时候是相当古怪的，做事喜欢为自己着想，而很少考虑其他人的意见和感觉。他们是相对独立的，而且任性固执，只愿意遵守自己定的规矩，而不愿意遵守他人制定好的规章制度。

喜欢阅读的人，多有很强的创造力和想象力，有自己的想法。

他们兴趣广泛，往往能够超越自我的经验，来计划某一件事情，扩展自己的生活领域。

喜爱集邮的人，善于自我调节来平复自己的情绪。每当发生一件事情，心情不平静的时候，他们总是能够进行自我开导，将之先放在一旁，然后等情绪平复以后，再处理。他们多是很爱面子的人，很多时候，他们不知道怎样拒绝别人，所以会无端地增加许多烦恼。

喜欢旅行的人，多属于外向型，他们的好奇心往往很强烈，而且好动，他们需要一些富于变化、带有刺激性的东西来满足自己。这一类型的人，通常会有比较好的人际关系，而且由于经常旅游，见识的事物比较多，增长了他们的阅历和知识，他们在人群中的形象也会自然而然地提高。

喜欢写作的人，他们的思考能力是很强的，为人比较小心和谨慎，喜欢把自己的想法写出来，这样可以更方便地把自己的思路理清，他们很有自己独特的见解和想法。

喜欢的音乐透露真实心理

或许每一个人都曾有过被某一首音乐作品感动的经历。音乐是一种纯感觉性的东西，听音乐的时候喜欢听哪一类型的，就说明他在这一方面的感觉比较好，而这种感觉很多时候又是与一个人的性格息息相关的。

喜欢听古典音乐的人，多是一个理性化比较强的人，他们在很多时候要比一般人更懂得如何进行自我反省、自我沉淀，从而留下对自己非常重要的东西，将那些可有可无的，甚至是一些糟粕的东西抛弃。这样的人大多很孤独，很少有人能够真正地走入他们的内心深处去了解和认识他们，所以音乐在一定程度上成了他们的伙伴。

喜欢摇滚乐的人，多是对社会不满，有些愤世嫉俗，他们需要依靠以摇滚乐的形式来发泄自己心中的情绪。他们会时常感到迷茫和不安，需要有一个人引导着，逐渐地找回已经丧失或是正丧失的自我。他们很喜欢与一些志同道合的人交往，害怕孤单和寂寞。

喜欢乡村音乐的人，多是十分敏感的人，他们对一些问题会表现出过分的关心，他们为人多圆滑、世故和老练、沉稳，轻易不会动怒。他们的性格多温和、亲切，攻击性欲望并不强。他们比较喜欢一种稳定和富足的生活。

喜欢爵士乐的人，其性格中感性化的成分往往要多于理性，很多时候他们做事都只是凭着自己的直觉出发，而忽略了客观的实际。他们喜欢自由的、无拘无束的生活，希望能够摆脱控制自己的一切。他们往往追求丰富多彩的生活，而讨厌一成不变的任何东西。他们的生活是由很多不同的方面组成的，而这些方面又总是彼此互相矛盾着，从而在表面上给他们罩上了一层神秘的面纱，使他在人前永远是魅力十足的。

喜欢歌剧的人，其性格中有很多比较传统、保守的成分，他们多是比较情绪化的人，懂得控制自己的情绪，不会随便地发作。他们做事比较认真和负责，对自己很苛刻，总是要求表现出最好的一面，而努力做到尽善尽美。

喜欢背景音乐的人，他们富于幻想，想象力是相当丰富的，而他们的生活态度却有点脱离现实，这就使他们有许多必然的失望。他们比较善于自我调节，能够重新面对生活，只不过幻想并没有减少。他们的感觉是相当灵敏的，往往能够在不经意间捕捉到许多东西。他们乐于与人交往，哪怕是不相熟悉的人。

简单是流行音乐的主旨，这并不是说喜欢流行音乐的人都很简单，但至少他们在追求一种相对简单和自由自在的生活方式，让自己轻松快乐一些。

情境音乐听起来清脆悦耳，可以让人产生愉快的心情。喜欢情境音乐的人，其大多都是比较内向的，他们渴望平静和安宁，而不受到其他人或事的干扰。

喜爱的舞蹈投射性格特质

跳舞是人类最古老的一种沟通方式，它超越了所有的文化，是社会化过程中相当重要的一个内容。舞蹈就像语言一样，不断演化，同时反映出社会的价值和历史变迁。一个人跳舞的方式和喜爱的舞蹈，比说话更能透露出一个人的个性，这好比人可以用嘴撒一个谎，但是用跳舞来撒谎却是难上加难的。

喜爱芭蕾舞的人，一般多有很强的耐心，能够以最大限度的忍耐性来完成一件事情。同时他们也很遵守纪律，具有一定的组织性，他们有一定的追求和思想，常会为自己设定一些目标，然后努力地去完成它们。除此以外，他们的创造性也是很突出的，常会有一些与传统方式背道而驰的惊人之作。

喜欢跳踢踏舞的人，多精力充沛，表现欲望强烈，希望能够引起他人的注意。在遭遇挫折和磨难的时候，他们能够坚持下来，从而渡过难关。他们的时间观念比较强，时间对他们来说是宝贵的，不会轻易地浪费。而且他们的应变能力比较突出，在面对任何一件比较棘手的事情时，都能够保持沉着冷静，认真地思考应对的策略，懂得如何进退，以保全自己。

喜欢探戈舞的人，其多是不甘于平庸的，他们总是追求生活的丰富多彩，最好还要带有一些神秘感。他们很重视一个人的才华和素养，在他们看来，这可能是比其他任何东西都重要的。

华尔兹是一种相当优雅，平衡感十足的舞蹈，喜欢这种舞蹈的人，多是十分沉着稳重，为人比较亲切、随和，有一定的社会经验和阅历的人。他们精通各种礼仪，深谙人与人之间十分微妙的关系。所以在为人处世、待人接物等方面，经过时间的磨炼和自我的要求，他们总会表现得十分得体，恰到好处，在无形之中流露出一种成熟而又高贵的气质和魅力。

拉丁舞包括了伦巴、恰恰、马林巴、亲波萨舞等，喜爱这些舞蹈的人，多是精力充沛而又魅力十足的，他们有很强的自我表现欲望，希望能够吸引更多人的目光，而实际上，他们也很容易引起他人的关注。

喜欢跳摇滚舞的多是一些年轻人，毕竟这是一种需要耗费大量体力的舞蹈，人上了年纪，即使是喜欢，也跳不动了。无论是喜欢跳的还是只喜欢而无法跳的，大多是一些充满了反叛思想行为的人。摇滚音乐往往更容易使人发泄自己心中的不满情绪。喜爱跳摇滚舞的人，思想多是比较前卫的，但这些前卫的思想往往又很难被人接受理解，更不要说认可，所以说他们又是相当孤独的一群人。

喜欢跳交际舞的人，大多乐意与人交往，对人与人之间频繁和友好的互动关系更是情有独钟。他们在为人处世方面多是比较谨慎和小心的，而且他们具有较强的组织和创造能力。

爵士舞基本上来说是属于一种即兴的舞蹈，喜欢这种舞蹈的人，多具有较强的随机应变的能力。他们在为人处世方面多不拘小节，只要能说得过去就可以了，而且具有一定的幽默感，这种幽默并不是故意表现出来的，而是一种机灵和智慧的自然流露，他们很喜欢和很多人在一起，但如果只是一个人也能够自己寻找和创造乐趣。

读什么样的书，就是什么样的人

一个人喜欢读什么样的书，这在很多时候就是一个人性格的外露。

喜欢读言情小说的人，多是感情比较丰富，而且又相当敏感、重感情的人。他们的直觉往往很灵敏，所以在很多时候做事都凭直觉。他们的思想比较单纯，向往一切美好的事物，多少有一点不切合实际。这一类型的人富有同情心，常会为书中的一些故事情节所感动。虽然他们不够坚强，但还比较乐观，善于自我开导，能够在失望中很快地恢复过来。

喜欢看传记的人，性格多比较坚强，而且有野心，他们会为了实现自己的理想和目标而坚持不懈地努力，但绝对不是一味地蛮干。他们的思维比较缜密，在行动之前，会将可能出现的各种情况都仔细地想清楚，并做出一些应对的措施，不会贸然行事。他们有很强烈的好奇心，敢于并且也乐于向未知的领域挑战。

喜欢看一些通俗读物的人，多是富有同情心，积极而又乐观开朗的人，他们在愉悦自己的同时，总会给他人带来许多快乐，所以他们很讨周围的人喜欢，会有比较不错的人际关系。

喜欢读报纸及新闻性杂志的人，他们的意志多是比较坚强的，在各种挫折和困难面前不会轻易被击倒，而且他们是绝对的现实主义者，从来不会为一些虚无缥缈的东西而浪费自己的时间和精力，他们只关注客观的实际。他们因为有很丰富的社会阅历，听的、看的事情都太多了，所以任何事情他们接受起来都不显得吃力。

喜欢漫画的人，其一般都玩心比较重，喜欢过无拘无束、自由自在的生活。他们的性格是活泼而又开朗的，但责任心不够强。比较随便的生活态度，使他们很难对什么负起责任，正是因为没有责任心和压力感，所以他们活得很轻松。

喜欢读侦察性小说的人，他们的思想多是比较超前的，而且具有相当的逻辑思辨能力，乐于敢于向新事物进行挑战和探索，去解决各种问题。往往是问题越难以解决，他们越乐于迎难而上。

喜欢看恐怖小说的人，大多生活是比较单调和乏味，而又一成不变的，他们厌倦了这样的生活，但又无法摆脱，所以只好借看恐怖小说来寻找一些新鲜、刺激的感觉。

喜欢看科幻小说的人，多具有很丰富的想象力和创造力，乐于向未知的领域和新事物挑战。他们厌恶一日一日不断重复的学习和生活，希望生活当中每天都有一些新的发现。

喜欢看有关财经方面书籍的人，他们的竞争意识是很强的，总是不断地加入各种竞争当中，企图让自己站到一个相当显眼的位置上，而把其他人都比下去。他们大多有经济头脑，在商海大潮中能够占有一席之地。

喜欢读武侠小说的人，身上多有一些侠肝义胆的情结，他们善恶分明，疾恶如仇，好打抱不平，为人豪爽，肯为朋友做出牺牲等。但是在现实生活中这样的人往往会遭遇很多挫折，这是因为他们的性格中有很多与社会不合拍的成分。

喜欢阅读妇女杂志的女性，一般是上进心比较强，希望自己在事业上能够有一番成就，让别人对自己另眼相看的。她们希望把自己打造成一个女强人的形象。

喜欢阅读时装杂志的人，是非常注重衣着打扮的，他们很在意自己在他人面前的形象，所以会在这一方面花费很多心思和财力，使自己尽量向让他人满意的方面靠拢。

喜欢读历史书籍的人，他们多是比较沉着、稳重，有丰富内涵的人。他们有一定的想象力和创造力，他们不会把时间和精力花费在与他人闲聊上面，而是会去做一些比较有意义的事情，他们是非常现实和实际的。

由喜爱的汽车读人

要想让每一个人都拥有一辆自己喜欢的汽车，这几乎是不可能的。但无法拥有，并不代表着人们就对汽车视而不见。虽然自己没有汽车，但对汽车津津乐道，甚至达到痴迷程度的人也比比皆是。人们喜欢、痴迷于什么样的汽车，往往是个人品位的浓缩，由此也可对一个人的性格有个大致的了解和把握。

物价上涨，汽油自然也不例外，所以有很多人把目光盯在了节油型的汽车上面。这一类型的人多是比较客观实际，非常现实的，是能够脚踏实地地生活的人。他们虽然也有幻想，但从来不会让自己在其中驻足过长的时间。他们不怀念过去，也不寄希望于未来，只是着眼于现在，做到把握住现在所拥有的一切，等待适当的时机再寻求飞跃和发展。他们很注意自己的外在形象，穿着非常得体，举止也相当优雅。

喜欢跑车的人，多是现实的利己主义者，他们缺乏集体团队精神，凡事只要是能给自己带来利益的就会全盘接受。他们虽然也有很强的交际能力，但其中多数是以物质利益为纽带，一旦这一环节出现故障，那么一切都会不攻自破。

喜欢吉普车的人多有很强的取胜欲望，希望把他人远远地落在后边，自己永远保持第一名的优势。而且他们有较强烈的自主意识，希望走一条完全属于自己的路。喜欢吉普车的人性格往往就像吉普车一样，能够不惧艰辛地驶进许多普通汽车无法到达的地区。

喜欢旅游车的人，多是比较勤俭、节省，能够精打细算过日子的人。他们总是能利用有限的时间、精力和金钱，做出更超量的事情来。他们在很多时候会赢得他人的尊敬和赞扬。

豪华车不仅仅是富人的标志，穷人也可以有喜欢的权利。对豪华车情有独钟的人，他们多希望自己的表现是与众不同的，并且具有一定的影响力，能够吸引他人的目光。他们时常有成功的自豪感，这种感觉多来自他人的赞美，可这又不是完全真正发自内心的肯定。

喜欢轿车型汽车的人，有时候可能比豪华车更胜一筹。喜欢这一类型车的人多自我感觉良好，他们总是乐于向他人炫耀自己，从而想证明一些什么。他们希望自己能够得到他人更多的尊重和爱戴。

喜欢敞篷车的人，多是属于外向型的人，他们乐于与外界进行各种接触，而讨厌死气沉沉的生活。他们喜欢热闹，对色彩鲜艳华丽的事物情有独钟。他们对人大多比较热情，富有同情心，能够给予他人关心和帮助。这一类型的人对新鲜事物的接受能力也是很快的。

喜欢双门车的人，一般来说控制欲和占有欲望是很强烈的，他们希望自己能够领导他人而不是被他人领导。某一事物一旦进入他们的视线被看中，他们就会尽一切努力去争取，有股不达目的誓不罢休的劲头。在为人处世方面，他们更多在乎的是自己的感受，而很少顾及他人的心理，至于他人有什么样的心理，也是持一副毫不在乎的无所谓态度。

喜爱四门车的人，多有自己较独立的个性，他们讨厌被人所左右。因为自己有过被人限制的感受，所以他们从来不会去约束别人。他们在绝大多数时候会尊重他人的意见和看法，能给他人更多的自由选择的余地，哪怕这种选择对他们来说可能是一种伤害，也还会抱着理解和支持的态度。因为这一类型的人不会不会过多控制和限制他人，所以会赢得更多人的依赖和尊重，也为自己营造出比较好的人际关系。

喜欢的智力游戏反映性格特征

不同的人会喜欢不同类型的智力游戏，是因为他对某一方面感兴趣，这就是其性格的一种体现。通过对每个人喜欢的智力游戏进行分析，往往也能对一个人进行分析、观察和了解。

喜欢拼图游戏的人，他们的生活常常像拼图一样，好不容易把一幅完整的图形拼好，紧接着又会变成一块块的碎片，他们的生活常常会被一些意料不到的事情所干扰和左右，有时甚至是使长时间的努力和付出全部付诸东流。不过庆幸的是，这一类型的人具有一定的忍耐和信心，在不如意面前，他们不会被击垮，而是能够保持自己再奋斗的精神，一切重新开始。

喜欢纵横字谜的人，他们多是做事非常看重效率的人，他们希望在最短的时间内，花费最少的精力而最大限度地完成某件事情，可这在某些时候是不现实的。他们很有礼貌和修养，在与人相处时彬彬有礼，显示出十足的绅士风度。他们多有坚强的意志和责任心，敢于面对生活中许多始料不及的困难和灾难。

喜欢魔术方块的人，多自主意识比较强，他们不希望别人把一切都准备好，而自己不需要花费什么力气或心思。他们不喜欢把别人的思想和意见据为己有，而是热衷于自己去钻研和探索，哪怕这需要漫长的过程和付出昂贵的代价，也不改初衷。他们具有很好的耐性，对某一件事情，当他人在感觉不耐烦的时候，他们也还能坚持如一。他们心灵手巧，触觉相当灵敏，喜欢自己动手制作一些小玩意。

喜欢玩几何图形游戏的人，多是比较聪明和智慧的，他们对某一事物，常常会有自己独到的见解，而不是人云亦云。他们有很强的自信，生活态度积极、乐观，在思想上比较成熟，为人深沉而内敛，常常是一副胸有成竹的模样。在做某一件事情之前，他们要经过深思熟虑、思前想后把该想的都想到，在心里有了大致的把握以后，才会行动。这样即使出现什么变故，也能很快地找到应对的策略。

喜欢数字类智力游戏的人，多逻辑思维能力比较强，他们的生活极有规律，有时候甚至都达到了死板的程度。他们在为人处世等各个方面既不圆滑也不世故，而是过分地有棱有角。结果，容易伤及别人，也会给自己带来伤害。

喜欢智力测验的人，他们对生活的态度虽然是非常积极和乐观的，但有时候并不了解生活的实质是什么。他们的生活没有什么规律，而且对于各种事物的轻重缓急，并没有一个清楚的认识，常常会将时间、精力甚至财力浪费在没有任何意义的事情上面，结果反倒将正经的事情耽误了，可是他们并不为此感到懊恼或后悔，相反还会找各种理由劝导和安慰自己。

喜欢神秘类智力游戏的人，其性格中最显著的特征就是疑心比较重。在他们看来，这个世界上好像没有一样东西是可信的，他们对任何事物都表示怀疑，而这怀疑常常又是没有任何依据的。他们对事物的某些细节及一些细微的差别总是表现得极其敏感，而这往往又会成为他们为自己的怀疑所找到的依据。他们会不断地对他人进行指控，但紧接着又会为没有充分的证据而感到苦恼。

喜欢在一张图片中寻找错误的游戏的人，他们活得大多都不轻松，常常会被一些无名的烦恼困扰着，虽然目前的状况是一片大好，可他们却往往要朝着不好的方面想。他们的胸怀不够宽阔，很少注意到他人的优点，却总是盯着别人的缺点不放。

偏爱的颜色显示心理诉求

很多人说不准自己偏好哪一种颜色，但有些人却只对某些特别的颜色感兴趣。如果有，那么这种色彩绝对可以印证他的某种性格特征。

红色是一种刺激性很强的色彩，它意味着燃烧的愿望。喜欢红色的人大多精力充沛，感情丰富，为人热情而奔放。

黄色是一种健康的色彩，意味着健康、单纯、明快，喜欢黄色的人大多属于乐天派，热爱生活，做事潇洒自如，精力充沛，身心健康。

绿色是一种令人感到稳重、安适的颜色，喜欢绿色的人性情大多较平静，充满了希望和乐观。而且这一类型的人，多具有积极向上的心理和青春的活力。

蓝色本身是一种容易令人产生遐想的色彩，喜欢这种颜色的人大多比较严肃和深沉，平时态度比较安定，遇事能保持镇定自若。

紫色是寒色系的代表，它象征权力，是一种表现贵族意味的颜色。

喜爱紫色的人有多愁善感、焦虑不安的性格倾向。

白色是一种洁净，但足以令人产生膨胀感的颜色，它象征纯真、朴素、神圣。喜爱白色的人多比较单纯，但有一定的进取心。

黑色是代表死亡的色彩，比较压抑、消极，但它也显得高贵，能隐藏任何缺点。喜爱黑色的人多含有小心谨慎的心理，经常会将满腔热情压在心底。

褐色是一种安逸祥和的颜色，喜欢褐色的人大多比较安静，没有太大的野心，比较满足于平平安安的、没有纷争的生活。

翠绿色给人的感觉比较清爽明快，喜欢翠绿色的人有很多与众不同之处，他们属于比较高雅和清高的类型。

第五章
掌握心理效应，更易操控人心

　　人是一种不断需求的动物，除短暂的时间外，极少达到完全满足的状况，人生本来就充满缺憾，完美人生并不存在于现实生活中，人生虽不完美，却是可以令人感到满意和快乐的。

——马斯洛

　　向外看的人是在梦中，向内看的人是清醒的人。

——荣格

首因效应：第一印象最重要

首因效应是由美国心理学家洛钦斯首先提出的，也叫首次效应、优先效应或第一印象效应，指交往双方形成的第一次印象对今后交往关系的影响，也即是"先入为主"带来的效果。虽然这些第一印象并非总是正确的，但却是最鲜明、最牢固的，并且决定着以后双方交往的进程。

如果一个人在初次见面时给人留下良好的印象，那么人们就愿意和他接近，彼此也能较快地取得相互了解，并会影响人们对他以后一系列行为和表现的解释。

反之，对于一个初次见面就引起对方反感的人，即使由于各种原因难以避免与之接触，人们也会对之很冷淡，在极端的情况下，甚至会在心理上和实际行为中与之产生对抗状态。

多个实验表明，这种效应是存在的：向四组大学生介绍一个陌生人，对第一组大学生说这个人性格外向；对第二组大学生说这个人性格内向；对第三组大学生先说这个人外向的特征，后说内向的特征；对第四组大学生先说这个人内向的特征，再说外向的特征。然后让四组人分别叙述对这个人的印象。结果，第一、二组的印象是显而易见的；第三组则普遍认为他是外向型人；第四组则普遍认为他是内向型人。这就是首因效应。

在第三、四组中，如果插进两种较强的语言刺激，这时后面的信息就会发生作用，第三组则认为其是内向的，第四组则认为那个人是外向的，这就是近因效应的结果。

可见，在人际交往中，人们总是倾向于重视前面的信息，而忽视后面的信息，即使人们同样注意了后面的信息，也会不由自主地习惯于按照前面的信息来解释后面的信息。即使后面的信息与前面的信息不一致，也会屈从于前面的信息，以形成整体一致的印象。

美国心理学家曾以麻省理工学院的一班学生为被试做了一个实验。上课之前，实验者向学生宣布，临时请一位研究生来代课。接着分别向学生介绍了有关这位研究生的一些情况。其中向一半学生介绍研究生具有热情、勤奋、务实、果断等品质，向另一半学生介绍的信息除了将"热情"换成"冷淡"之外，其余各项都相同。而学生们并不知道这两种介绍间的差别。

研究生上课结束后，实验者要求学生们填写问卷，讲出他们对代课教师的印象。结果表明，得到包括"热情"信息的学生，对代课教师有更好的印象，纷纷用"是一个能体谅别人、不拘小节、有幽默感、脾气好的人"来形容。这一系列特征都是学生们自己根据"热情"这一核心品质扩散推及出来的。

而得到包括"冷淡"品质的信息的学生，则从中泛化出有关研究生的许多消极品质。可见，仅就"热情"与"冷淡"之别，竟会影响对人整体的印象。

首因效应犹如童贞般宝贵，失去就不可以再来。那么我们如何利用首因效应，给他人良好的第一印象呢？

成功学家卡耐基在《如何赢得朋友》一书里，总结了六条给人留下良好印象的途径：真诚地对别人感兴趣；微笑；多提别人的名字；做一个耐心的倾听者，鼓励别人谈他们自己；谈符合别人兴趣的话题；以真诚的方式让别人感到他自己很重要。

很显然，首因效应具有先入性、不稳定性、误导性，根据第一印象来评价一个人往往失之偏颇。因此，我们在与人交往时，也需要时常提醒自己不要轻易对他人下结论。孔子的"吾始于人也，听其言而信其行；吾今于人也，听其言而观其行"说的就是这个道理。

单因接触效应：增加曝光你就赢了

单因接触效应又叫多看效应、曝光效应、接触效应等，它是一种心理现象，指的是人们会偏好自己熟悉的事物，某样事物出现的次数越多，对其产生的好感度也越高（当然前提是这件事物首次出现没有给人带来极大的厌恶感）。社会心理学又把这种效应叫作熟悉定律。

对人际交往吸引力的研究发现，我们见到某个人的次数越多，就越觉得此人招人喜爱、令人愉快。但在人际关系上，为了获得对方的好感，难道只是增加接触次数就足够了吗？

曾经有一个有趣的实验，实验方法是准备 12 张某大学毕业生的大头照，然后随便抽出几个人的照片并让学生们看这些照片。开始实验时，对这些学生说明："这是一个关于视觉记忆的实验，目的是测定你们对所看的大头照，能够记忆到何种程度。"而实验的真正目的，则在于了解观看大头照的次数与好感度的关系。

观看各大头照的次数分别为 0 次、1 次、2 次、5 次、10 次、25 次，按条件各观看两张大头照。随机抽样，总计 86 次。

实验结果证明，接触次数与好感度的关系成正比。也就是说，当观看大头照的次数增加时，不管照片的内容如何，好感度都会明显增加。

最能有效活用这种单因接触效应的就是电视广告。刚开始觉得无聊的广告，每天多看几次，就会渐渐觉得有种"亲切"之感。连续剧也是如此。没有看过的人完全不感兴趣；一旦持续观看之后，每天没看到主角，似乎就会觉得情绪有些不稳定。像新闻主播或主持人也是同样的，每天看就会逐渐产生好感。

因此，演艺人员的人气虽然与个人的个性或演技有关，但大多和电视上出现的频率多少有密切的关系。如果某个演员在电视上露脸的频率较多，观众自然容易对其产生好感。从这种意义来看，人气的确是可以制造出来的。

除此之外，还必须有一个先决条件，那就是一定要有较好或者不坏的第一印象。第一印象不好，就算日后再见多少次面，也无济于事。就像我们每天在公司或学校中会遇到很多人，按道理可能会喜欢所有的职员或同学了吧！但实际上并不是如此，应该还有几个讨厌的上司或同事、同学。

实际运用这个研究所产生的效果的推销员，如果第一印象不好，则不管再去拜访几次，对方也无法从内心接纳他，因此，一定要先建立良好的第一印象。

虽然服装等打扮和说话的技巧是重要的要素，但是若请教一些高明的推销员，他们都会告诉你，给顾客带一些所需要的信息去比较容易建立良好的第一印象，生意反倒是次要的了。例如，对方在玩股票，如能给他提供一些有关股票的信息，定能吸引对方的关注，最后使他意识到自己的存在。反复几次后，单因接触效应就能发挥作用。对方一旦对自己产生了好感，就能顺利地将产品推销出去。

换言之，如果这种熟知性无法发挥作用的话，对方就不会产生关注或好感。所以，平时在公司或学校光是擦肩而过是不行的，应该出声打招呼，让同事或同学认识自己。

加根定律：送礼贵在不露痕迹

过去，不管谁得到礼物都很高兴，而同时对于送自己礼物的人也大都会产生好感。就像男性为了讨女性的欢心，通常都会送对方礼物。

但接受对方送礼，有时会使自己有种沉重的亏欠感。尤其是对那些不喜欢的人送自己昂贵的礼物，因为无法配合对方的好感，最后只能不接受或干脆将礼物退回。

但近几年来，有些女性的心态有了很大的转变，认为即使对他人没好感，接受他的礼物也无妨。女性会根据"这个人适合做丈夫""这个人适合做男朋友"的感觉，因时因地选择适合自己的男性，这时礼物就会无法发挥效果了。

按照送礼引起受礼者心中的义务程度，就可以预测出对赠送礼物者的魅力度。义务越大的话，对接受者的魅力就会减少。虽然可以收下礼物，但必须要回送给对方同等价值的礼物。想到此处，不但不会觉得高兴，反而会心情沉重。虽然不是义务，但是可能会产生一种情绪的负面反应。例如，免费供应会破坏馈赠者与接受者双方关系的平衡。

接受者认为必须要回赠对方，但又办不到，无法解决这个问题就会持续紧张。

如果送礼的人说："这只是一点小心意，不是什么贵重礼品！"就算没有义务要回送给对方，但对赠送礼物的人也会产生疑惑。根据研究显示，这种无偿的援助或礼物会使人心想："小心有诈！"

互赠礼物或互惠的交换会使人感到压力。从别人那儿得到东西，就必须要回报同等之物，不论在精神上还是物质上，如果没有这层借贷的关系，应该可以使人际关系更顺畅。

此外，受礼者努力援助的程度如何，也能反映出对赠送者的好感和魅力度。加根等人想用实验证明以上关于赠送礼物的反应。为了解答赠送行为的一般倾向，因此选择了资本主义盛行的美国、崇尚社会主义的瑞典以及具有强烈恩义传统的日本三个国家为实验对象。

因国情的不同，人们得到赠礼时的反应也不同。实验由各国各自挑出60人，总计180名大学男生（18~23岁）。6人为一组，给每人40张兑换券（相当于4美元）玩游戏，并告诉他们在游戏结束之后，可以凭所持兑换券换取等值的现金。

游戏过程中，必要时可通过实验者与其他人员互相沟通，但是不能直接和对方说话交谈，然后开始游戏。

当然，因为是实验，所以游戏也是被操控的。在进行几次游戏以后，大家所剩的兑换券都只有 12 张了，所以每个人都认为自己的成绩最差。这时参加者会面临完全输光兑换券的情况，如果没有兑换券就必须退出比赛。这时他会收到一封信，里面放了 10 张兑换券和一张便条纸。这是实验者故意设计的，让其认为这是来自其他 5人中的任一人处的赠礼。

在便条纸上则写下下列三项中的任一条件：

第一，我不需要了，所以你不必送还给我（低义务条件）。

第二，请使用这些兑换券。如果比赛获胜，有多余的兑换券，再还给我就好了（同一义务条件）。

第三，提供你的兑换券，请加上利息再还给我（高义务条件）。

便条纸上写着赠送者的座位编号，以及所持有的兑换券张数（可能是 6 张或 2 张），被赠送者借此可以知道赠送者为高资产者或低资产者。

实验结果表明，义务条件与赠送者的魅力度之间的关系具有一定的曲线关系。美国人和日本人对同一义务条件的赠送者最能感受到魅力，而瑞典人则对高义务条件的赠送者感受到最大的魅力。

在赠送者的资产条件方面，三个国家都是对低资产条件的赠送者较感到魅力。其中日本学生对资产条件的不同相当敏感，随着资产条件的升高，魅力度也会减少。

也就是说，大家都希望赠送者与自己之间能维持均衡关系，因此对于同一义务条件最能感受到魅力。

在此值得怀疑的是免费的赠礼。以单纯想法来思考的话，既然不需要归还，应该相当感激才对，但一般人却对此具有否定的看法。

　　这就是先前已经叙述过的，得到对方赠礼时会形成一种借贷关系，这种精神紧张很难消失，同时会对赠送者的意图感到怀疑，担心对方可能有什么诡计，抱持着警戒之心，才有这样的表现出现。

　　日本人与美国人对赠礼的看法中，日本人的曲线高低相当极端，这是因为日本自古以来送礼的文化相当发达，得到东西时经常要回赠同样程度的礼物，而且价值绝对不要超过或低于所得到的东西，要保持微妙的平衡。赠礼除了能确认亲密度之外，想要维持亲密关系，还必须回赠相同价值的礼物。如果没有回礼或送了较差的东西，就表示想要放弃这种亲密关系。

　　美国虽然不像日本这么极端，但也是属于山形的。也就是说，美国人对赠礼的想法其实与日本人是非常相似的，所以日本人和美国人比较容易相处。

　　高义务条件（借得的东西必须加上利息偿还）最让瑞典人感到魅力，这实在令人费解。到底是由单纯的文化或社会制度所造成的，还是有别的理由呢？也许颇具有研究的价值！男女关系中，如果希望这个人喜欢你，而想要送礼物给对方时，很多人都会倾向送比较昂贵的东西，可能是认为越昂贵的礼物越能传达赠送者的心情吧！

　　但如同先前所述，事实上并非如此。送礼最重要的是要让对方感觉："这个东西收下也无妨！"对方能接受，再循序渐进地送昂贵礼品较好。

　　但如果对方特别钟情于贵重礼物的话，那就不包括在先前讨论的范围内了。

　　为什么人们不喜欢无偿援助呢？

先前介绍过，无偿援助会让人担心可能有诈。这个实验也证明这类行动容易被视为贿赂，而遭到拒绝。但如果不是贿赂，而是属于正常的相互往来关系，也就是授受关系成立时，就算得到赠礼也不会产生抵抗感。

贿赂原本是指得到对方的金钱或物品时，利用自己的立场或权力，使送礼者得到某些方便，或提供特别的利益等。但若无法证实这种因果关系的话，那么贿赂就只是单纯的赠礼而已！

为了避免赠礼表现得太露骨，因此常以演讲费或稿费等名义来代替。如此一来更能合理化，而且也能够消除抵抗感。当然赠送者有事情拜托时，接受者也会了解这一点。也许在某种程度下或隔段时间后，会以另一种形式接受对方的赠礼也说不定。

此外，接受者和赠礼者的关系如果太过清楚的话，将会使接受者有一种卑屈感。例如，对方给你钱又不要你归还，接受金钱的人往往会产生一种卑屈的感觉。根据实验显示，一般人普遍不喜欢接受高资产者的援助。

雷帕定理：真正的干劲与报酬无关

要使一个人产生干劲有各种各样的方法。如果对象是天真无邪的孩子，大人们很可能会给予"给零用钱"或"买玩具"等许诺。但如果事先说好要给予报酬，是否仍会产生干劲呢？根据研究报告显示，结果反而会产生不良的影响。这就是著名的"雷帕定理"。雷帕等人是通过实验确定出雷帕定理的，他们选择的实验对象为幼儿园的儿童，让他们利用各种颜色的水彩笔在图画纸上画画，并且分为以下三个条件组，来观察儿童兴趣变化的情形：

①先保证给予带金色封印和彩带的奖状，然后再让他画画；

②给予彩色奖状，但是在还没有画完之前不会让他知道；

③事先并没有保证要不要给予奖状。

画完之后，在奖状上填入条件①与条件②的学童姓名和幼儿园名称，贴在布告栏上让大家看，而条件③的儿童则什么也不给予。

实验结果，条件①的儿童与条件②和条件③的儿童相比，用水彩笔画画的时间明显减少了。

条件①与条件②之间产生了显著差别。由此可知，画画的时间差距并不是由于得到奖赏的缘故，而是因为事先保证有奖赏，儿童认识到自己是因为这个理由而画画，因此对于孩子的干劲会造成不良的影响。

因此雷帕等人认为，如果一开始就给感兴趣的孩子丰厚的许诺，反而会造成不良影响，使用这种方法只会降低孩子参与的兴趣。

真正的干劲是来自内在的报酬动机，它是人们产生行为的最大要素。动机分为"外在报酬（建立外在动机）"与"内在报酬（建立内在动机）"。

工作就是一个标准的外在报酬的例子。"如果你做这个的话，我就给你报酬"，即使不喜欢这份工作，但只要工作就有薪水，因此大家还是会勉强去做。

但如果"我是为了薪水才工作"的心态一直持续下去的话，就会变成"我是被人雇用的"，或是"别人要我做什么，我才做什么"

的完全被动态度。因此薪水若降低，或不给薪水的话，这个人就会不想再工作了，或者继续工作也不过是勉强去做，并不会达到最佳状态。

因此，千万不要动不动就褒奖。许诺在先，安排工作在后，反复这么做的话，一旦无法得到褒奖或赞美，人们就会失去干劲。

通过雷帕实验也证明这一点，这就是外在报酬的缺点。

相反地，内在报酬是不期待他人的评价或报酬，为了自己的兴趣而去做，内心产生充实感，这就是最好的报酬。

不论是学习还是工作，只要是自己喜欢的，不必等到他人要求，自己就会主动去做。虽然并非"喜欢而使自己的技巧成熟"，但是真正做得很好的时候，自己也会更感兴趣。如此自然会形成一个良性循环，不断地产生出工作干劲。

一般人在工作时很难发现自己的兴趣，但工作中可以发现成就感或充实感等内在报酬，这一点非常重要。

如果是为了出人头地，或为了赚钱等外在报酬而建立的工作动机，那是无法长期持续的，恐怕也很难成功。即使能得到物质享受，但却无法得到人们心目中那种真正的幸福。

因此，若想要真正向一个主动积极参与事物的方向发展，调动个人积极性，就不能单单是外在报酬而必须是内在报酬。

就培养人生胜利者的自由教育具体而言，应该怎么样才能产生干劲呢？现在有所谓的自由教育，就是强调培养孩子自主的重要性。以往幼儿园老师会指示学生们"开始画画咯！"或"开始折纸咯！"请您千万不要再这么做，应该试着让孩子的自主性发挥作用。

小学也最好采取开放教学的形式，让孩子们想用功的时候就用功。这种方法当然是不可能立竿见影的，短期内就和普通的小学一样，看不出什么成效。与每天好好上学的孩子相比，这群孩子的成绩可能会比较差，但却培养了他们最重要的"自主性"或"干劲"。

在今后的重要时刻，他们自己能发挥出更自觉的学习动力和干劲，也就是说，在这种自觉的基础建立之后，在需要用功的时候，这样教育出来的孩子不需要任何人的督促，自己就会利用参考书好好复习，一下子就能赶上成绩好的同学，甚至超越他们。

从小开始培养这种自主精神，不要成为听父母或老师吩咐才去做事的孩子，这样也许反而能进入好的大学，到好的公司上班……而拥有美好的人生。

但今后的时代，如果总是按照既定的路线去走，是不能保证成功的。越是竞争激烈的时代，就越是需要主动性和自主性。也许年轻时会很辛苦，但这些人最终会成为人生的胜利者。

保龄球效应：鼓励胜过批评

两名保龄球教练分别训练各自的队员。他们的队员都是一球打倒了 7 只瓶。

教练甲对自己的队员说："很好！打倒了 7 只。"他的队员听了教练的赞扬很受鼓舞，心里想：下次一定再加把劲，把剩下的 3 只也打倒。

教练乙则对他的队员说："怎么搞的！还有 3 只没打倒。"队员听了教练的指责，心里很不服气，暗想：你咋就看不见我已经打倒的那 7 只。

结果，教练甲训练的队员成绩不断上升，教练乙训练的队员打得一次不如一次。

积极鼓励往往会带来积极的效果，消极鼓励往往会带来消极的效果——这被称为"保龄球"效应。

获得他人的承认与肯定，是人性深处最本质的渴望。在戴尔·卡耐基的《人性的弱点》一书中有这样一段话：美国钢铁大王安德鲁·卡内基选拔的第一任总裁查尔斯·史考伯说："我那能够使员工鼓舞起来的能力，是我所拥有的最大资产。而使一个人发挥最大能力的方法，是赞赏和鼓励。再也没有比上司的批评更能扼杀一个人的雄心。我赞成鼓励别人工作。因此我急于称赞，而讨厌挑错。如果我喜欢什么的话，就是我诚于嘉许，宽于称道。"但一般人怎么做呢？正好相反。如果他不喜欢什么事，他就一心挑错；如果他喜欢的话，他就什么也不说。他的员工会说："第一次我做错了，马上就能听到指责的声音，第二次我做对了，绝对听不到夸奖。"

史考伯说："我在世界各地见到许多大人物，还没有发现任何人——不论他多么伟大，地位多么崇高——不是在被赞许的情况下比在被批评的情况下工作成绩更佳、更卖力气的。"

而安德鲁·卡内基甚至在他的墓碑上也不忘记称赞他的员工，他为自己撰写的碑文是："这里安葬着一个人，他最擅长把那些强过自己的人组织到为他服务的管理机构之中。"

心理学研究证明，积极鼓励和消极鼓励（主要指制裁）之间具有不对称性。受过处罚的人不会简单地减少做坏事的心思，充其量，不过是学会了如何逃避处罚而已。我们常常听到这样的议论："干得越多，错误越多。"潜台词就是：为了避免错误，最好的办法是"避免"工作。这就是管理者不当的批评、处罚等"消极鼓励"的后果。

而"积极鼓励"则是一项发掘员工潜在的工作积极性的管理艺术。受到积极鼓励的行为会逐渐占去越来越多的时间和精力，这会导致一种自然的演变过程，员工身上的一个闪光点会放大成为耀眼的光辉，同时还会"挤掉"不良行为。

要想学会真诚地赞赏，首先就要学会从员工身上发现闪光点，特别是在面对某种失败的情况时，更要善于找到积极的因素来进行鼓励。用好赞赏的技巧，关键是要把"注意力"集中到"被球击倒的那7只瓶"上，别老忘不了没击倒的那3只。

要相信任何人或多或少都有长处、优点，只要"诚于嘉许，宽于称道"，就会看到神奇的效力。

鲇鱼效应：外来竞争能激发内部活力

很久以前，挪威人从深海捕捞的沙丁鱼，如果能让其活着抵港，卖价就会比死鱼高好几倍。渔民们想了无数的办法，想让沙丁鱼活着上岸，但都失败了。

只有一只渔船总能带着活沙丁鱼回到港内。

这条船的秘密何在呢？

该船长严守成功秘密，直到他死后，人们打开他的鱼槽，才发现只不过是多了一条鲇鱼。原来当鲇鱼装入鱼槽后，就会四处游动，不断地追逐沙丁鱼。大量沙丁鱼发现多了一个"异己分子"，自然也会紧张起来，在追逐下拼命游动，激发了其内部的活力。这样一来，沙丁鱼便能活着回到港口。

这就是所谓的"鲇鱼效应"。

一种动物如果没有外界的刺激，就会变得死气沉沉。同样，一个人如果没有对手，那他就会甘于平庸，养成惰性，最终导致庸碌无为。

在两千多年前，我用一些养马的人就深得此中三昧。他们在马厩中养猴，以防止发生马瘟。原理是什么呢？据有关专家分析，因为猴子天性好动，这样可以使一些神经质的马得到一定的训练，使马从易惊易怒的状态中解脱出来，对于突然出现的人或物以及声响等不再惊慌失措。马是可以站着消化和睡觉的，只有在疲惫和体力不支或生病时才卧倒休息。在马厩中养猴，可以使马经常站立而不卧倒，这样可以提高马对血吸虫病的抵抗能力。

在马厩中养猴，以"辟恶，消百病"，养在马厩中的猴子就是"弼马瘟"。这个弼马瘟所起的作用就相当于鱼槽里的鲇鱼。

我们每个人的身上都蕴藏着巨大的潜能，这些潜能一旦被释放出来，我们能做的比我们想到的要多得多。被尊为"控制论之父"的维纳认为，每一个人，即使是做出了辉煌成就的人，在他一生中所利用大脑的潜能也还不到百亿分之一。

虽然人们可以通过自我激励来开发潜能，但更可靠、更适用的方法是通过外因的激发带来能量的释放。因为自我激励需要坚强的意志力，而外因的激活则是人的一种本能反应，而且它的激发本身带有一种竞技游戏的效果。

老鹰是所有鸟类中最强壮的种族，根据动物学家所做的研究，这可能与老鹰的喂食习惯有关。

老鹰一次生下四五只小鹰，由于它们的巢穴很高，所以猎捕回来的食物一次只能喂食一只小鹰，而老鹰的喂食方式并不是依照平等的原则，而是哪一只小鹰抢得凶就给谁吃，在此情况下，瘦弱的小鹰因吃不到食物都饿死了，最凶狠的存活下来，代代相传，老鹰一族越来越强壮。

在生活中，我们大多数人天生是懒惰的，都尽可能逃避竞争；大部分没有雄心壮志和负责精神，缺乏理性，不能自律，容易受他人影响，宁可期望别人来领导和指挥，就算有一部分人有着宏大的目标，也缺乏执行的勇气。

这一方面是因为人的懒惰也有着一种自我强化机制，由于每个人都追求安逸舒适的生活，贪图享受在所难免。另一方面是所处环境给他们带来安逸的感觉，老是局限在一个安逸环境中，难免闭目塞听，思想僵化，盲目自满，甚至会产生“磨”“疲”“油”。而进入一个充满竞争的环境，竞争者打破安逸的生活，人们立刻就会警觉起来，懒惰的天性也会随着环境的改变而受到节制。人的干劲和潜力被激发出来，就能开创新局面，做出新的成绩。

通过引入外界的竞争者，往往能激活内部的活力。对于一个组织来说，鲇鱼效应说明了人员流动的必要性和重要性。一个单位如果人员长期固定，就少了新鲜感和活力，容易产生惰性。运用这一效应，加入一些"鲇鱼"，通过新成员的"中途介入"，制造一种紧张气氛，有助于激发群体成员的活力和竞争意识，从而提高工作效率。

它符合人才管理的规律，能够使组织变得生机勃勃。任何组织中都需要几条这样的"鲇鱼"。"鲇鱼"本身未必有多大能量，但可以给整个组织带来能量释放的连锁反应。

重复博弈：制约对手的硬招

一个小孩每天在固定的街角乞讨。有个路人偶然出于好玩，拿出一张 10 元纸钞和一枚 1 元的硬币，让这个小孩选择。出人意料的是，小孩只要 1 元硬币，不拿那 10 元纸钞。

这个有趣的现象传开了，并逐渐引起越来越多的人的兴趣。各式各样的人，怀着或同情、或取乐、或验证、或猎奇的心态，纷纷掏出 1 元的硬币与 10 元的纸钞让小孩选择。这个看上去并不愚笨的小孩从来没有让大家失望：不拿 10 元，只要 1 元。据说还有人拿出 1 元和 100 元供小孩选择，但小孩显然还是对 1 元的硬币更加钟情。

一次，一个好心的老奶奶忍不住抱住这个可怜的小孩，轻声问："你难道不知道 10 元比 1 元要多得多吗？"小孩轻声地回答："奶奶，我可不能因为一张 10 元的纸钞，而丢失掉无数枚 1 元的硬币。"

表面上看，是小孩主动选择了 1 元，但细究起来，其实是小孩"被选择"了。因为这个小孩是长期乞讨，不是做一锤子买卖。在经济学里，这叫"重复博弈"。顾名思义，是指同样结构的博弈重复许多次。当博弈只进行一次时，每个参与者都只关心一次性的支付；如果博弈是重复多次的，参与者可能会为了长远利益而牺牲眼前的利益，从而选择不同的均衡策略。因此，小孩为了能细水长流，只能选择小的利益。对这个结果，经济学的表达是：重复博弈的次数会影响到博弈均衡的结果。

举一个生活中常见的例子：大凡火车站、汽车站附近的饭店，那里的饭菜又难吃又贵。这不只是一个车站的问题，几乎所有的车站都存在这样的问题，原因何在呢？就因为这是一锤子买卖，对商贩来说，火车站来来往往的都是过客，这些陌生人不会因为饭菜好吃可口，而大老远地专程跑过来做个"回头客"；同样，如果过客觉得饭菜恶心，也不会花费时间精力来跟你追究。因此，对火车站的商贩们来说，卖次品要合算得多，可以赚到最多的钱。而小区门口的饭庄就不同了，人家图你今天吃了明天还来，因此，在饭菜品质与价位上，总是会努力为食客着想。

重复博弈说明，人们的行为将直接受到预期的影响，这种预期可分为两种：第一种是预期收益，即如果我现在这样做，将来能得到什么好处；第二种是预期风险，即我现在这样做，将来可能会遇到什么风险。正是某种预期的存在，影响了我们个人或者组织的策略选择。

要想还有下一次博弈，就不能光顾自己，得站在对方的立场上想一想。所以有"吃亏就是占便宜"的古训。当然，这个吃亏，常常是吃小亏。甚至大多数时候，并没有真正亏损，比如本来可以赚10元的只赚1元，也叫"吃亏"。为什么提倡吃亏？因为这次吃了小亏，在下次、下下次博弈中可以赚回来，这次赚的只是小钱，多次博弈后就会聚少成多。

值得注意的是，事情总是在变化中发展的，一次性博弈可以演变成重复博弈，重复博弈也可以演变成一次性博弈。

有一位顾客去理发店理发，理发师看着面生，以为是过路客，就敷衍了事，三下两下给这个人理了一个很难看的发型——他以为是一次性博弈。这个顾客也没有生气，反而按照价格表上的价钱付了双份。

过了半个月时间，这个顾客又来理发。理发师觉得这个顾客一则大方，二则服务好了会是常客。因此他丝毫不敢怠慢，精心地给这人理了发。理完之后，顾客照照镜子，很满意。理发师也在盘算：这次他会支付多少钱呢？双倍还是四倍？

结果，顾客支付了半价。理发师非常惊讶，忍不住问：为什么上次我敷衍了事你支付了双倍，这次我这么精心你反而只给半价？

顾客回答：我上次支付的是这次的理发费，这次支付的是上次的理发费。

显然，在第一次理发的博弈中，理发师用的是一次性博弈策略，所以他在博弈中占了上风。而在第二次理发时，顾客给了理发师重复博弈的期望，等理发师运用重复博弈策略时，顾客用的却是一次性博弈。因而，在第二次博弈中顾客完胜。理发师要是知道这次顾客用的是一次性博弈，他也就不会"输"了。

可见，在任何博弈中，如果能预先获知对方的策略，我们就能适时调整策略以保证自身利益的最大化。如果你认准双方是"一次性博弈"，那么你不妨给对方一个重复博弈的预期，同时再选择适度背叛，则能够博取到自身最大的利益。如果你和对方还有很多次碰面或者长期合作的可能，那么你最好采用重复博弈的方式，也为对方想一想。

最后还要提醒各位的是：作为理性的经济人，即便面对重复博弈也不要放松警惕。因为对方没有背叛，常常只是诱惑不够。以开头的小孩为例，10元不要，100元呢，1000元或10000元呢？只要开足够的价码，就能摧毁他的心理防线。因此，古人既有"吃亏就是占便宜"的名训，也有"防人之心不可无"的告诫。

心理衍射效应：强迫症的前兆

在挪威的一次军事演习中，诺德斯克（1895—1961）不慎负伤，导致左腿永远比右腿短2.7厘米。

那次军事演习是从深夜的紧急集合开始的，只有21岁的诺德斯克因为匆忙，穿在左脚上的鞋子的鞋带没有系紧。就在他准备重新整理鞋带时，军事演习开始了。在负伤前的一个多小时里，诺德斯克一直在想那根鞋带是否已经松开，会不会在冲锋时绊倒自己，因而无法集中注意力，导致大腿严重受伤。实际上，那根鞋带一直好好地系着。

　　诺德斯克根据自己的经历，提出了心理学上颇负盛名的"心理衍射论"。作为该理论基础的"细小事件衍射心理"一直是古典心理学的重要组成部分，人们将之简称为"心理衍射效应"。

　　心理衍射效应通常由琐碎的事情引起，并常见于心理健康综合指标处于中等水平的人身上。引起心理衍射效应的事情往往是最初容易被人忽略的一些细小琐事，由于情绪或者心理上的波动（如焦虑、猜疑等心理性情绪），或者在一段时间内类似的事情发生过数次（一般在3次或3次以上），甚至可能是类似于引起"衍射心理"的事情所发生环境的重复出现，最终导致扭曲的心理旋涡，从而引起心理"断层"。

　　在生活中，心理衍射效应也经常发生。例如，因为惦记着一个电话，和朋友出去玩时频频地翻看手机，无法专心享受旅游的乐趣；或者想着课后找人"吃鸡"，根本不知道讲台上的教授在说什么；甚至隔壁班那个女孩的一次浅笑，害得你把脚下的足球传给了对方队员。这些都是心理衍射效应在左右我们的行为。

　　心理衍射效应之所以著名，主要因为它是强迫症的前兆或者是初期阶段。诺德斯克提出该理论后，改变了以往精神病临床诊断学上"强迫症不是渐进产生"的说法。但"衍射心理"并没有确实有效的疗法，更多地需要依靠个人自主、及时地转移注意力。

　　这里，为大家推荐两种减小心理衍射效应影响的方法。一种是"深呼吸法"。做法是一旦脑子里反复思考某件事情时，要及时停止正在忙碌的工作，完全放松地深呼吸，然后观察周围的人或物，越细致越好，最好能够观察到这个人的饰物的光泽、衣服的褶皱等。持续 45 秒至 1 分钟，心理状态就会得到平衡。

另一种是"习惯覆盖法"。所谓习惯，心理学上的定义是"带给个体心理压力较小的行为"，因此，我们可以用习惯来暂时地覆盖心理衍射效应的引导。例如，你喜欢吃瓜子，这让你感觉放松和愉悦，那么在你发生"衍射"状况时，不妨按照你所习惯的速度嗑瓜子，使注意力逐渐转移，"衍射心理"也就不攻自破了。

锚定效应：小心虚幻公平的陷阱

锚定效应在生意场上有很广泛的运用。锚定效应认为，对于顾客来说，他们对一个产品的购买决策，需要觉得这个价格是公平的、划算的。然而，公平与划算是相对的，关键看你如何定位基点。基点定位就像一只锚一样，它定了，评价体系也就定了，公平与划算与否也就有答案了。

有一家湘菜馆的"毛氏红烧肉"定价为 38 元，饭店老板想将这道菜推出去作为本店的招牌菜，但一直销量平平。

后来，老板想了一个办法。他将定价 38 元的"毛氏红烧肉"更名为"金牌毛氏秘制文火红烧肉"，价格定在 48 元。同时，他又稍微改了一下烹饪手法，并在分量上加多，推出一道"至尊毛氏秘制文火红烧肉"，定价为 98 元，放在菜谱的醒目处。此外，还有一种命名为"家常毛氏秘制文火红烧肉"的菜也推出来，每盘售价 28 元。

不久，这家湘菜馆里点红烧肉的顾客就多了起来。大致测算一下，有 60% 的顾客点的是 48 元的。点 98 元与 28 元的，基本上各占 20%。

红烧肉还是那盘红烧肉，因为有了一个比较，尽管涨价了，反而畅销了起来。其原因何在？还是锚定效应在作祟。顾客在看到定价 98 元的红烧肉时，对红烧肉的价格锚定了，多数顾客会有如下心理演绎：

98 元，这么贵？难道很有特色？既然很有特色，那么试试？不，还是太贵了……哦，有便宜一点的，48 元，合算。还有 28 元的？这个……家常菜，还是吃 48 元的吧。

生意场上的锚定效应比比皆是。去服装市场买衣服，售货员张口就是一千多元，将价格的锚高高设定。拦腰一砍你就错了，现在流行"扫堂腿"。于是有些不善于讲价的人喜欢去品牌店，品牌店明码标价不讲价，折扣也是明明白白标出来：原价 2800 元，六折。看似省了不少钱，但岂不知那个"2800"多数时候也是一只锚。礼品书市场就更厉害了，几千上万元一套的书，一折可以买到。可其实呢，一折也是几百上千元。

那么，作为一个追求理性的经济人，在工作与生活中，除了需要尽量少被他人锚定外，也不妨在恰当的时候向别人脑海里沉入一只沉重的"锚"。

曾经有个故事，说的是华盛顿的马被邻居偷了。华盛顿也知道马是被谁偷走的，于是就带着警察来到那个偷他马的邻居的农场，并且找到了自己的马。可是，邻居坚持说马是自家的。华盛顿灵机一动，就用双手将马的眼睛捂住说："如果这马是你的，你一定知道它的哪只眼睛有问题。""右眼。"邻居回答。华盛顿把手从右眼移开，马的右眼一点问题没有。"啊，我记错了，是左眼。"邻居纠正道。华盛顿又把左手也移开，马的左眼也没什么毛病。邻居还想为自己申辩，警察却说："什么也不要说了，这还不能证明这马不是你的吗？"

邻居为什么被识破？是因为华盛顿利用了锚定效应，它给邻居的脑海里扔了一只锚——"马的哪只眼睛有问题"，让其相信"马有一只眼睛有问题"，致使邻居猜完了右眼猜左眼，就是没想到马的眼睛根本没毛病。

锚定效应的应用可以说极其广泛，希望你能举一反三，在今后的工作与生活中"锚定"自己的利益与幸运。

冷热水效应：一种高明的操纵术

一杯温水，保持温度不变，另有一杯冷水，一杯热水。先将手放进冷水中，再放到温水中，会感到温水热；若将手放在热水中，再放到温水中，会感到温水凉。同一杯温水，出现了两种不同的感觉，这就是我们要说到的"冷热水效应"，又叫"对比认知效应"，如果会使用这种效应，就会使用这种既常见又有效的心理谋略。

这种效应的出现，是因为人人心里都有一个参照物，只不过参照物并不一致，也不固定。随着心理的变化，参照物也在变化。人们对事物的感知，就是受这参照物的影响。

鲁迅先生曾经说过："如果有人提议在房子墙壁上开个窗口，势必会遭到众人的反对，窗口肯定开不成。可是如果提议把房顶扒掉，众人则会相应退让，同意开这个窗口。"

这就是一种典型的"冷热水效应"：当提议"把房顶扒掉"时，对方心中的"秤砣"就变小了，对于"在墙壁上开个窗口"这个劝说目标，就会顺利答应。冷热水效应可以用来劝说他人，如果你想让对方接受"一盆温水"，为了不使他拒绝，不妨先让他试试"冷水"的滋味，然后再将"温水"端上，如此他就会欣然接受了。

甲、乙二人是一家大公司的谈判高手，这对黄金搭档一出马，几乎没有谈不成的业务，他们深得公司员工的尊重和信赖。原来，他们二人的法宝就是运用"冷热水效应"去说服对方。每次谈判，甲总是提出苛刻的要求，令对方惊慌失措，灰心丧气，一筹莫展，等到在心理上把对方压倒时，也就是对方感到"山重水复疑无路"时，乙就出场了，他提出一个折中的方案，当然这个方案也就是他们谈判的目标方案。

面对这样的"柳暗花明又一村"，对方往往会很愉快地签订合同。在这种阵势面前，就算该方案中有一些不利于对方的条件，对方也会认为比起原来的方案要好得多，从而接受。

这种技巧，不仅在经商洽谈中可以发挥巨大作用，在平时生活中的大事小事上也能发挥很好的效果。

一次，一架民航客机即将着陆时，机上乘客忽然被通知，由于机场拥挤，无法降落，预计到达时间要推迟 1 小时。顿时，机舱里一片抱怨之声，乘客们在等待难熬的时间中度过。只几分钟过后，乘务员就宣布，再过 30 分钟，飞机就可以安全降落，乘客们如释重负地松了口气。又过了 5 分钟，广播里说，现在飞机马上就要降落了。虽然晚了十几分钟，乘客们却喜出望外，纷纷额手称庆。在这个事例中，机组人员无意之中运用了冷热水效应，首先使乘客心中的"秤砣"变小，当飞机降落后，对晚点这个事实，乘客们不但没有出现厌烦，反而感到异常兴奋了。

先让对方尝尝"冷水"的滋味，就会使他心中的"秤砣"得以缩小，他会对获得的"温水"感到高兴。在人际交往中，如果能够让对方在关键时刻或者在平常日子里高高兴兴，还有什么事办不成呢？

另外，在给人以帮助时，这种谋略同样适用。其道理也显而易见，当我们没有能力满足对方提出的要求时，不妨先端给他一盆"冷水"，再端给他一盆"温水"，这样的话，你的这盆"温水"同样会获得他的一个良好评价，要比直接"由热到温"的效果明显得多。

第六章
注重沟通细节，轻松操控人心

与人交谈一次，往往比多年闭门劳作更能启发心智。思想必定是在与人交往中产生，而在孤独中进行加工和表达。

——列夫·托尔斯泰

一个人必须知道该说什么，一个人必须知道什么时候说，一个人必须知道对谁说，一个人必须知道怎么说。

——德鲁克

记住他人的名字，能迅速赢得好感

现代社会，人们的交往频繁而短暂，我们每天都会在线上线下和很多陌生人打交道。那如何快速获取别人对你的好感呢？戴尔·卡耐基说："一种既简单又最重要的获取他人好感的方法，就是牢记别人的姓名。"的确如此，对于任何一个人来说，别人能记住自己的名字，是对自己的关注，更是在无意间拉近了双方的距离。这就是一种感情投资，甚至会带来意想不到的效果。

人们都渴望获得他人的尊重，而记住别人的名字，则会让人有受尊重的感觉。叫出对方的名字就等于跟对方说"我很重视你""我很欣赏你"等，这样会让对方也对你产生好感。记住对方的名字，并且能很轻易就叫出来，等于给予别人一个巧妙而有效的赞美。若是把人家的名字忘掉或搞错了，就会无形中划出一段距离。

有时候要记住一个人的名字真是不容易，尤其当它不太好念时，一般人都不愿意去记它，心想：算了！就叫他小名好了，而且容易记。锡得·李维拜访了一个名字非常难念的顾客，他叫尼古得玛斯·帕帕都拉斯，别人都只叫他"尼克"。

李维说："在我拜访他之前，我特别用心地念了几遍他的名字。当我对他说：'早安，尼古得玛斯·帕帕都拉斯先生'时，他简直呆住了。过了几分钟，他都没有答话。最后，眼泪滚下他的双颊，他说：'李维先生，我在这个国家十五年了，从没有一个人会试着用我真正的名字来称呼我。'"

姓名是一个人的符号，它蕴含着人类的自尊、个性与自由。人们在随手写字的时候，总是信笔写下自己的名字，就证明了这一点。尊重一个人莫过于尊重他的名字。

卡内基是有名的钢铁大王，但他对钢铁制造知之甚少，却大发其财，正是得益于他巧妙地对"名字"加以运用。例如，他希望把钢铁轨道卖给宾夕法尼亚铁路公司，而艾格·汤姆森正担任该公司的董事长。因此，安德鲁·卡内基在匹兹堡建立了一座巨大的钢铁工厂，取名为"艾格·汤姆森钢铁工厂"，这样就使他成功了。

这个方法太灵验了！卡内基一辈子也忘不了。

多数人不会特意去记别人的名字，只因为不肯花必要的时间和精力去专心地、重复地、无声地把这些名字耕植在自己的心中。他们为自己找出的借口是：我太忙了。

但他们可能不会比富兰克林·罗斯福更忙，而他都能花时间去记忆，且又说得出每个人的名字，即使是他只见过一次的汽车机械师。

一名政治家所要学习的第一课是："记住选民的名字就是政治才能，记不住就是心不在焉。"

记住他人的姓名，在商业界和社交上的重要性，几乎跟在政治上一样。

法国皇帝，也是拿破仑的侄子——拿破仑三世得意地说，即使他日理万机，仍然能够记得每一个他所认识的人。

他的技巧非常简单。如果他没有清楚地听到对方的名字，就说："抱歉，我没有听清楚。"如果碰到一个不寻常的名字，他就说："怎么个写法？"

在谈话的时候，他会把那个名字重复说上几次，试着在心中把它跟那个人的特征、表情和容貌联系在一起。如果这个人对他是重要的，拿破仑就更费事了。在他独自一人时，他会把这个人的姓名写在纸上，仔细地看、记。

能够牢记结识的所有人的姓名，是一项重要的人际交往能力。即使只有一面之缘，如果你随时随地能够准确地叫出他的姓名，也是对他最大的恭维和赞赏。

名字能使人出众，它能使他在许多人中显得独特。只要我们从名字着手，把它当成一项感情投资，把它变成一种习惯，你就会在人际关系中占据有利的地位。

称呼得当，别人才愿意跟你交往

与人沟通，称呼必不可少。怎么称呼别人，不仅是一个基本的礼貌问题，也是一个交际中的礼仪问题，同时也反映出说话人与被称呼者之间的关系。

从人的心理角度来说，人都有自尊心，许多人还有爱面子的情结，很在意别人怎么称呼他。如果你称呼得恰当，对方就会很受用，就会产生深交的愿望；如果你称呼不得当，对方就不会舒服，在与你的交往中就可能敷衍应付。

所以，在交往中，称呼别人不是为了满足自己，而是为了满足对方。如何恰当称呼对方你要引起足够的重视。

称呼大致分为三类，包括亲属之间的称呼、熟人之间的称呼、对陌生人的称呼。

1. 亲属之间的称呼

亲属之间，应该按我们传统伦理上的习惯为准。面对长辈应以亲属称谓相称，如奶奶、妈妈、姑姑等。一定不要直呼长辈的姓名，包括身份、职业，这都是不礼貌的。面对平辈，可相互用亲属称谓或加排行序列称谓相称，如哥哥、妹妹、三哥、三妹等。夫妻之间可以姓名相称，俩人在一起时，可用昵称，但不宜在公共场合用。年长的平辈可直接称呼年少者的名字，若年少者已成年，则用亲属称谓较为礼貌。对晚辈，可称呼其亲属称谓，也可直呼其名，这样显得亲切。

2. 熟人之间的称呼

对关系较密切的熟人，可以采用亲属称谓相呼。根据对方的性别、年龄、身份等来确定相应的称呼，还可以"姓加亲属称谓""名加亲属称谓""姓名加亲属称谓"称呼，如"王奶奶""刘青姐"等。

在一些正式场合，可以称呼熟人的职务、职业，也可以"姓加职务、职业称谓""名加职务、职业称谓""姓名加职务、职业称谓"相称，如"赵厂长""保林校长"等。

年纪较大、职务较高的人对下面的年轻人可以直接称呼姓名，显得更亲切。反过来就不宜这样称呼，如果对年纪较大、职务较高的人直呼姓名，则显得不礼貌，让被称呼者感到尴尬。

不称姓而直呼其名，是最亲切、最随便的一种称呼。但这只限于长者对年轻人、上级对下级或关系亲密的人之间，没有这种特殊关系而直呼人家的名字就不礼貌，甚至还会令人反感。

朋友、同学、同事之间，因为相处时间长了，称呼可以随便一些，可在姓氏前加"老""小""大"等，如"老彭""小陈"等。在亲属、职称、身份等称谓前加上"老""大"等词，是更为尊敬的称谓，如"老厂长""大姐"等。对德高望重的老年人，可以在姓后加"老"字，如"李老""张老"等，这种称呼是很恭敬的。

3. 对陌生人的称呼

对陌生人的称谓，可以采用一般的通称，也可以按照亲属之间的称呼。

对男人一般可以称"先生"，未婚女子称"小姐"，已婚女子称"夫人"，若已婚女子年龄不是太大，叫"小姐"也可以，而称未婚女子为"夫人"就不合适了。所以，宁肯把"太太""夫人"称作"小姐"，也绝不要冒失地称对方为"夫人""太太"。一般来说，成年的女子都可称为"女士"。

如果你想让彼此的关系显得亲近一些，可以采用亲属称谓相呼。可根据对方的性别、年龄等情况，以父辈、祖辈、平辈的亲属称谓相称，如"大伯""阿姨""大娘""大嫂""小姐姐"等。

称呼对方"大嫂"还是"小姐姐"时，必须谨慎从事，因为对方婚否不好确定，在没有把握的情况下，称"小姐姐"比较稳妥。

以上是一般情况下对别人的称呼，但是具体在实际中，又要考虑很多因素。在不同的场合，对不同的人，一定要具体问题具体分析。在称呼别人的时候，要考虑到下面几种情况：

第一，要注意民族、地域的差异。

各个不同的国家、民族对人的称呼都有各自一些独特的习惯。在日本，对妇女也可称"先生"，比如"由美子先生"。汉语中的称呼相对于其他民族语言中的称呼语要复杂得多，不仅要看人的性别、辈分、年龄，还要区分敬称和谦称。而有的民族语言就没这么讲究，比如英语中的"aunt"翻译成现代汉语可以是"姨母、姑母、伯母、叔母"等。各个民族有不同的称呼习惯，在实际运用中，要遵从各民族的习惯，这也体现了对别人的尊重和礼仪，否则就会让别人产生不快，甚至闹出笑话。

在称呼别人的时候，还要注意地域之间的差异。不同的地域、不同的生活习惯，形成了各种方言，所以还要注意方言间称呼的异同。比如在大陆用得最广泛的"同志"称谓，在港澳台几乎从来没有这个概念，所以与他们打交道，不宜用"同志"这一称呼。

第二，要注意口语和书面语的区别。

口语相对于书面语言而言，显得通俗、随便，更为亲切，而书面语则显得正式和庄重。现代汉语中，同一个对象，可有口语和书面语两种不同的称呼，比如在口语中称呼爸爸，而用书面语则为父亲。在口语中，如果面对称呼对象时，运用书面语中的称呼语就显得生硬、不自然、不亲切。但是，在口语中，书面语中的称呼语可以作为他称用语出现，如"我的祖父""你的母亲"等，要视具体语境来定。

第三，要注意语言环境和称呼对象的不同。

在日常生活中，对我们比较熟悉的人，我们对其称呼就可以随便一点儿，甚至可叫别人绰号，夫妻、恋人之间私下里还可用昵称，这样显得比较亲切，还可以增进彼此之间的感情。但在公众场合，尤其是在会场上这些比较正式的场合，叫别人的小名、绰号，就会显得不严肃、太放肆，应当以"某同志"或"某同学"相称。对不太熟悉的人，以及长辈、领导和老师，也都不宜用"小名"和"绰号"，否则，就会显得不尊敬。所以，运用称呼语时，应特别注意语言环境和称呼对象，灵活使用。在不同的语境中，对不同的称呼对象，应运用适当的符合人物身份、地位及体现与自己恰当关系的称呼语。

根据关系疏密，把握准距离远近

一位心理学家做过这样一个实验：在一个刚刚开门的大阅览室里，当里面只有一位读者时，心理学家就进去拿椅子坐在他（她）的旁边。试验进行了整整 80 人次。结果证明，在一个只有两位读者的空旷的阅览室里，没有一个受试者能够忍受一个陌生人紧挨着自己坐下。

在非语言沟通中，空间距离可以显示人们之间的不同关系。对于不同国家的人而言，空间距离有着不同的意义。有趣的是你越往地球北端行进，你会发现人与人之间的空间距离越大。而越往南走，人与人之间距离越近。一个英国人与人交谈时希望保持一定的距离；阿拉伯人在与人交谈时你几乎可以感觉到他的鼻息；而日本人在大笑时总是要捂住嘴以免气息触及对方。

人际交往中，当你无意侵犯或突破另一个人的空间范围时，对方就会感到厌烦、不安，甚至引起恼怒。一般来说，交往双方的人际关系以及所处情境决定着相互间自我空间的范围。

美国空间关系学之父、人类学家爱德华·霍尔将人们交流时，下意识同别人保持的空间位置划分为四个区域：亲密距离、个人距离、社会距离和公共距离。这四种距离又都有远近之分。

1. 亲密距离

亲密距离的近距离是指肌肤能够接触的距离，而远距离则是指两个人身体保持 15~50 厘米的距离。这种亲密的距离多出现在情侣、要好的朋友之间，或者是孩子抱住父母及其他人时。

如果某些情况使一些不太熟悉和不太亲密的人不得已要保持在这种距离中而没有任何能保护他们的非言语的屏障，那么他们会觉得很尴尬，同时感到自己受到了威胁。

想想在拥挤的汽车或电梯中，我们是如何避免眼神接触和交流，或者是选择转身离开的。当不可避免地碰到彼此时，又变得如何紧张不安。即便相互之间有眼神的交流，这种交流也是短暂的，并且通常会很有礼貌、毫无冒犯意思地笑一笑。

2. 个人距离

个人距离中的近距离为 45~75 厘米，这是在聚会中交谈的最佳距离，正好能相互握手，亲切交谈，你会很容易接触到同伴。而远距离则是 75~120 厘米的距离，这个距离能让你私下讨论一些问题而避免接触到彼此。你和朋友会自觉地保持一臂的距离。

3. 社会距离

社会距离的近距离为 1.2~2.1 米，这通常是你跟客户或者服务人员进行交流时保持的距离。这种距离经常用以显示某人的主导地位。

一位站着的主管会同坐着的员工们保持这种距离，来显示他更高的地位。社会距离的远距离为 2.1~3.7 米，这种距离会被频繁地用于正式的商务谈判或社交场合中。

公司的老板常常会坐在桌子后面同员工们保持这种距离，甚至从他所坐的能够注视到每位员工的位置来看，都可以体现出他更高的地位和身份。在一个开放式的办公室，以这种距离来进行位置的布局也是非常有用的，它可以让员工们不会因为无法同旁边的同事交流而感到自己被忽视，从而更好地工作。

在社会距离范围内，已经没有直接的身体接触，说话时，也要适当提高音量，需要更充分的目光接触。如果谈话者得不到对方目光的支持，他会有强烈的被忽视、被拒绝的感受。这时，相互间的目光接触已是交谈中不可缺少的感情交流形式了。

4. 公共距离

公告距离的近距离是 3.7~7.6 米，这种距离通常会用于相对不是很正式的集会中。比如，教室中老师和学生之间的距离，或者老板跟一群员工讲话时的距离。远距离为 7.6 米或者更远的距离，通常是政治家、知名人士同其他人保持的距离。

对于这几个区域范围大小的界定，即使相同文化背景的人也会有一些个体的差异。当不同的人进入不相对应的区域时，也会让人觉得不舒服。霍尔的四区域模型只能作为一般性的指导和参考。

见什么人，说什么话

话说某人擅长奉承，一日请客，客人到齐后，他挨个问人家是怎么来的。第一位说是坐出租车来的，他大拇指一竖："潇洒，潇洒！"第二位是个领导，说是亲自开车来的，他惊叹道："时髦，时髦！"第三位显得不好意思，说是骑自行车来的，他拍着人家的肩头连声称赞："廉洁，廉洁！"第四位没权也没势，自行车也丢了，说是走着来的，他也面露羡慕："健康，健康！"第五位见他捧技高超，想难一难他，说是爬着来的，他击掌叫好："稳当，稳当！"

看完之后，你也许会捧腹大笑，甚至会骂这人是个马屁精。但细细思忖之下，定能悟出"见什么人说什么话"的奥妙之所在。没有人会喜欢一个老生常谈、自说自话的人。"物以类聚，人以群分"，了解人与人之间的年龄、性别、性格、职业、地位、兴趣爱好、文化水平等多方面的差异，调整自己的沟通方式去适应对方，这样别人才会乐于与你沟通。

具体来说该怎么做呢？可以依照下面几点：

1. 看对方的性别和性格特征

对方性格外向，透明度高，你就可以随便一些，开开玩笑，斗斗嘴，他会很自然地接受；如果对方性格内向、敏感，你就可以讲一讲得体的笑话，让他变得开朗一些，最重要的是表现真诚，可以挖掘对方比较在意、隐藏在内心深处的话题，让对方觉得你是真正关心他的。

有的女孩性格外向，个性鲜明，男孩子气十足，你若跟她谈化妆、美容，她也许会毫无兴趣，如果谈运动、谈明星，她可能会兴致勃勃。针对不同性格的人，你应该学会说不同的话。

同样说人胖，男性会一笑置之，而女性则可能会拉下脸来，自尊心受到伤害，这就是性别带来的差异。所以，同样的话对男人说和对女人说的效果是不一样的。说话时，我们就要注意这种差异，对不同性别的人说不同的话。

有位名牌大学中文系毕业的高才生，在人才招聘会上，想应聘某公司的办公室秘书一职，青年人在经理面前做自我推销时说话拐弯抹角，半天不切入主题。

他先说："经理，听说你们公司的办公环境相当不错。"经理点了点头。

接着，高才生又说："现在高学历的人才是越来越多了。"经理又点了点头，什么也没说。

而后，高才生又说："经理，秘书一般要大学毕业，要比较有文采吧？"

高才生的话兜了一个大大的圈子，还是未能道出自己的本意。岂料，这位经理是个急性子，他喜欢别人与自己一样，说话办事干脆利落。正因为高才生不了解经理的性格，结果话未说完，经理便借故离去，高才生的求职也化成了泡影。

2. 看对方的身份特征

俗话说，"秀才遇见兵，有理说不清"，如果你对普通的工人农民摆出知识分子的架子，满口之乎者也，肯定让对方满头雾水，更别说被接受、认可了。要是遇见文化修养较高的人，也不能开口就一副江湖气，这样容易引起反感，更无法获得交往的信任和好感。

全国人口普查时，一个青年普查员向一位80多岁的农村老大娘询问："有配偶吗？"老人愣了半天，然后反问："什么配偶？"普查员解释："就是你丈夫。"老太太这才明白。

这位普查员说话不看对象，难怪会闹笑话。所以，要想收到理想的表达效果，就应当看对象的身份说话，对什么人，说什么话。如果不区分对象的身份说话，人们听起来就会觉得别扭，甚至产生反感，那势必会影响沟通效果。

3. 看对方的兴趣爱好

比如和有小孩的女性说话，可以说说孩子教育和家庭生活；和公司职员说话，可以说说经济环境等问题，说得不深入也没关系，只要你开口了，他们便会不由自主地告诉你很多关于他自己和工作上的事情。如果你还善于引导，他恐怕连心事都要掏出来了。

有个青年想拜一位老中医为师，为了博得老中医的欢心，他在登门求教之前做了认真细致的调查了解：他了解到老中医平时爱好书法，遂浏览了一些书法方面的书籍。

起初，老中医对他态度冷淡，但当青年人发现老中医案几上放着书写好的字幅时，便拿起字幅边欣赏边说："老先生这副墨宝写得雄劲挺拔，真是好书法啊！"对老中医的书法予以赞赏，让老中医有了愉悦感和自豪感。

接着，青年人又说："老先生，您这写的是唐代颜真卿所创的颜体吧？"这样，就进一步激发了老中医的谈话兴趣。

果然，老中医的态度转化了，话也多了起来。

接着，青年人对所谈话题着意挖掘、环环相扣，致使老中医精神大振，谈锋甚健。终于，老中医欣然收下了这个"懂书法"的弟子。

4. 看对方的年龄特征

老年人喜欢别人说他年轻；中年人喜欢别人说他事业有成，家庭美满；而年轻人就喜欢别人说他有闯劲、有活力，不同年龄层次的人喜欢不同的话题。

假如你要打听对方的年龄，对小孩可以直接问："今年多大了？"对老年人则要问："您今年高寿？"我们不提倡问女士的年龄，但是如果非要问，也可以讲究方法，只要把握好分寸，就不会让别人觉得唐突、不礼貌。对年龄相近的女性可以试探说："你好像没我大？"对年龄稍大的女性则可以问："您也就 30 出头吧？"这样一来，便可皆大欢喜。

5. 看对方的心理需求

不同的人会有不同的心理需求。如果你懂得一点心理学，就很容易把话说到人的心窝里。

19 世纪的维也纳，上层妇女喜欢戴一种高檐帽。她们进戏院看戏也总是戴着帽子，挡住了后排人的视线。戏院要求她们把帽子摘下来，她们仍然置之不理。剧院经理灵机一动，说："女士们请注意，本剧院要求观众一般都要脱帽看戏，但是年老一些的女士可以不必脱帽。"

此话一出，全场的女性都自觉地把帽子脱了下来：有哪个女人愿意承认自己老呢？剧院经理就是利用了女性爱美爱年轻的心理特点和情感需求，顺利地说服了她们脱帽。

战国时期著名的纵横家鬼谷子，曾经总结道：与智者言，依于博；与博者言，依于辨；与辨者言，依于要；与贵者言，依于势；与富者言，依于高；与贫者言，依于利；与贱者言，依于谦；与勇者言，依于敢；与愚者言，依于锐。

如果你能把握上述原则，说话时自然不容易出错。"见什么人说什么话"的道理可以帮你分清界限，分清场合，让我们的人际沟通能力更上一层楼。

在最佳时机说，事半功倍

同样一句话，在不同时机说，效果会大为不同。高情商人士在对时机的把握上，往往都是经过深思熟虑的。

战国时期，楚王的宠臣安陵君能言善辩，很受楚王的器重。他并不是遇事便立即脱口而出，而是十分讲究说话的时机。

安陵君有一位朋友，叫江乙。一天，他突然问道："安陵君，您没有一寸土地，也没有至亲骨肉，却身居高位、享受优厚的俸禄，国人见到您，也无不整衣跪拜，等着接受您的号令，为您效劳，这是为什么呢？"

安陵君答道："这是大王太过抬举我了，不然我哪能这样！"

江乙闻言，不无忧虑地说："用钱财相交的人，一旦钱财用尽，交情也就断了，如同靠美色相交的人，美色衰老则会情移。因此美丽女子还没等到卧席被磨破，就已遭人遗弃；得宠的臣子也等不到车子被坐坏，便被驱逐。如今您掌握楚国大权，却没有办法和大王深交，我暗自替您担心，觉得您的处境实在是太危险了。"

安陵君一听，恍然大悟，立刻恭敬地请教江乙："既然如此，还望先生指点迷津。"

江乙说："希望您一定要找个机会对大王说'愿随大王一起死，以身为大王殉葬'。如果您这样说了，必能长久保住权位。"

安陵君听后，立刻说："谨依先生之言。"

但是，过了很长一段时间，安陵君依然没有对楚王说这番话。

江乙急忙去见安陵君，说道："我对您说的那些话，您为何至今不对楚王说呢？既然您不用我的计谋，我就再也不管了。"

安陵君急忙回答："我怎敢忘却先生的教诲，只是一时没有合适的机会。"

又过了一段时间，机会终于来了。一天，楚王到云梦泽打猎，一箭便射死了一头狂奔的野牛，百官和护卫无不欢声雷动，齐声称赞。楚王也高兴地仰天大笑，说道："痛快啊！今天游猎，寡人何等快活！待寡人万岁千秋之后，你们谁能和我共享今天的快乐呢？"

此刻，安陵君紧紧抓住这个机会，走上前去，泪流满面地说："臣进宫后就与大王同共一席，挡蝼蚁，那便是臣最大的荣幸了。"

楚王闻言，大受感动，随即正式设坛封他为安陵君，日后对他也更加宠信。

这个历史故事说明了把握说话时机的重要性。在此过程中，人们需要耐心等待，也需要充分准备，以等待时机成熟，但这并非意味着坐视不动。

卡耐基说："要想把话说得恰到好处，最重要的一点就是把握住说话时机。说话的时机，常常就在瞬息之间，稍纵即逝，时不我待，失不再来。因此，对说话时机的把握，比掌握、运用其他说话技巧更难更重要。"

孔子在《论语·季氏篇》中说："言未及之而言，谓之躁；言及之而不言，谓之隐；未见颜色而言，谓之瞽。"这段话的意思是："不该说话的时候说，叫作急躁；应该说话的时候不说，叫作隐瞒；不看对方的脸色变化便信口开河，叫作闭着眼睛瞎说。"以上三种情况都是没有把握好说话的时机，或者是没有注意说话的策略和技巧。所以，说话要把握时机，该出口时才出口。要把握说话的最佳时机，并非易事。

说话要选择适合的场合，还要选择适合的时间。说话的内容不论如何精彩，如果时机掌握不好，也无法达到最佳的效果。听众的内心世界常常随着时间的变化而变化。即使对方愿意听你讲话，或接受你的观点，你也应当学会选择恰当的时机。如果你喜欢看棒球比赛，你就会发现，棒球运动员即使有高超的技艺、强健的体魄，可是没有把握住击球的决定性瞬间，棒就落空了。说话也是这样，抓住时机是最重要的。

什么时候才是"决定性的瞬间"呢？主要看谈话时的具体情况，凭你的经验和感觉而定。

在交际场合，常常出现这种情况：有的人口若悬河，滔滔不绝，十分健谈；而有的人即使坐了半天，也无从插话，找不到话题。

这就是一个"切入"话题的时机问题。怎样才能及时地"切入"话题？应注意以下几方面。

1. 尽快找到双方共同关心的基本点

有这样一个故事：王先生新买了一台洗衣机，因质量问题连续几次拉到维修站修理都没有修好。后来，他找到李经理诉说苦衷。

李经理立即把正在看武侠小说的年轻修理工张冰叫来，询问有关情况，并批评了张冰，责令其速同客户回去重修。

一路上，张冰铁青着脸不说一句话，因为他正念念不忘武侠小说中人物的命运。

王先生灵机一动，问道："你看的《江湖女侠》是第几集？"张冰答道："第二集，快看完了，可惜找不到第三集。"

王先生说："包在我身上。我家还有不少武侠小说，等一会儿你尽管借去看。"

紧接着，双方围绕武侠小说你一言我一语，谈得津津有味，开始时的尴尬气氛消除了。后来，不但洗衣机修好了，两个人还成了要好的朋友。

2. 寻找发表自己意见最佳的时机

有了共同语言之后，什么时候"切入"话题就显得很重要了。

比如在讨论会上，什么时候是最佳发言的时机？如果你第一个发言，虽然能够给听众造成先入为主的印象，可是，一般情况是，因为时间尚早，气氛难免显得沉闷，听众尚未适应，不太好调动他们的情绪。可是如果到了后边再讲，好处是能够吸收别人的成果，进行有效的归纳整理，显得井井有条，或针对别人的漏洞，发表更为完善的意见；坏处是因为时间太晚，很多听众都会觉得疲倦，希望尽快结束发言而不愿再拖延时间，因此发言效果也不理想。

根据这些情况，经过研究证明，最好的发言时机是在第二个人或第三个人发言之后及时切入话题，这样的效果最好。

在这个时候，说话的气氛已经活跃起来，如果你不失时机地提出自己的想法，最容易引起人们的关注。

研究证明，反映情况或说服他人的最佳时机是对方心情比较平和的时候。当对方劳累、不顺心或注意力集中在其他事情上时，他是没有心情来听你说话的。

选择好时机，是一种尊重对方的表现，同时更是发挥说话效果的重点。只有对方对你所谈的事情感兴趣的时候，你的话才会产生应有的效果，达到预期的目的。

在适当的场合说恰当的话

某农村有个老太太去世了，亲属们一起商量后事。老太太生前嘱咐要土葬，但是现在土葬已经不合时宜了，于是大家七嘴八舌，发表个人看法。

老太太的孙子说："这样吧，老太太死都死了。现在尸体放在家里，人来人往的，总不是个事，我看烧掉最好，省钱省事！"这番话听得大家十分恼火，恨不得上去打他一巴掌。

这时候，另外一个孙子上来说："奶奶走了我很难过。现在遗体放在屋子里得赶紧料理才行。奶奶生前有土葬的愿望，可土葬现在已经不行了，我看还是赶紧火化好。作为晚辈，说话有不周的地方还请大家原谅。大主意还是伯伯婶婶拿！"这番话听得大家舒舒服服，伯伯婶婶也赶紧拿了个主意，把老太太火化了。

本来老人去世是一件悲痛的事，可是第一个孙子上来就说什么"死了""烧掉""尸体"这种难听的字眼，最后还来了个"省钱省事"，显得不合时宜，冷酷无情；而第二个孙子则情真意切，在情在理，很有分寸，自然让人听了舒服。

如果周围全都是自己熟悉的朋友，那么说话就可以推心置腹，天南海北，无所不谈，甚至说出一些过头的话来也无伤大雅；但是如果在场的都是交往不深的人，就要收敛一下，不可肆意妄为，做事情也要公事公办，不要不分对象乱套近乎。

同样，说的话要贴合场合。在轻松的场合言语就要轻松，在热烈的场合言语就要热烈，在清冷的场合言语就要清冷，在喜庆的场合言语就要喜庆，在悲哀的场合言语就要悲哀。"在什么山唱什么歌"，不看场合，随心所欲，信口开河，想到什么说什么，这是愚人的拙劣表现。

适时说话，人们才会乐于听取。在不同场合，根据具体情况来决定说还是不说，以及用什么方式说，"言而当，智也；默而当，亦智也。"正所谓"时然后言，人不厌其言"。礼仪规范对言语的最基本要求就是：在任何时候，任何场合，言语都应该"矜庄以莅之，端诚以处之"。

说话要区分不同的场合，否则就达不到理想的效果。某法院开庭审理一起盗窃案，被告对作案时间交代不清。为了核实，审判长决定传被告之妻到庭做证。由于过分着急，审判长脱口而出："把他老婆带上来！"法庭顿时哗然，严肃的气氛被冲淡了。当时，审判长应该运用法庭用语，宣布"传证人某某某到庭"。由于以日常用语取代了法庭用语，不适应场合，因而显得很不得体。

可见，只有依据不同的场合，选取最恰当的词语，才能准确地表达自己的思想感情。

那么，场合又分为哪几种呢？主要可分为以下三类。

1. 自己人场合与外人场合

我国文化传统一向是重视内外有别的。对于都是自己人的场合"关起门来说话"，可以无话不谈，甚至可以说些放肆的话，什么事都好办；而对于都是外人的场合，便可"逢人只说三分话，未可全抛一片心"。求人办事，一般是公事公办。因此，遵循内外有别的原则，说话才能得体。

2. 正式场合与非正式场合

正式场合说话应严肃认真，事先要有所准备，不能乱扯一气。非正式场合下，就可随便一些，像聊家常一样，便于感情交流，谈深谈透。有些人说话文绉绉，有些人讲话俗不可耐，就是没有正确区分正式场合与非正式场合的界限。

3. 喜庆场合与悲痛场合

一般来说，说话应与场合中的气氛相协调。在别人办喜事时，千万不要说悲伤的话；在人家悲痛时，不要说逗乐的话，甚至哼哼民歌小调，否则别人就会觉得你这人太不懂事了。

说话有"术"，"能说会道"也是一种本领。古有"一语千金"之说，也有"妙语退敌兵"之事。可见，会说、巧说是何等重要。我们应重视"说"的作用，讲究"说"的艺术。在求人办事时，注意语言的学习与积累，针对不同的场合，要选用最得体、最恰当的语言来表情达意，力争获得最佳的效果。

"言多必失"，不论什么时候，什么场合，说话时都要注意说话的分寸。特别是人多的场合，说到忘乎所以的时候很容易失言，一旦失言，你的话就可能中伤或伤害到某个人，这自然会为你招惹祸端。

在事业发展的过程中，一言一行都关系着个人的成就荣辱，所以言行不可不慎。那些成功的人，说话很会把握分寸，不管在什么场合都落落大方，该说的话一定会说到位；不该说的时候，一句话也不说。

有的人口齿伶俐，在交际场合口若悬河，滔滔不绝，诚然，这是不少人所向往的"境界"。但如果没有那样的水准，仍喜欢张扬自己，在人多的地方口无遮拦，一旦说漏了嘴，再想要补救是很难的。所以在人多的场合尽量少讲话，并讲究"忌口"。否则，若因言行不慎而让别人下不了台，或把事情搞糟，那就得不偿失了，因为对别人造成的伤害是一时性的，但对自己造成的影响却是长久性的——你在别人心目中的形象会被定为"恶人"。或许这个"恶人"用得有点过分，但起码你留在别人心中的印象不会是好的。

总之，我们在与人沟通时要明白沟通的目的，看准沟通的场合，懂得随机应变，"在什么山唱什么歌"。

恰当的语调和语气，能增加你的信赖感

俗话说得好："一句话能把人说笑，也能把人说恼。"在沟通中，千万不要小觑语调和语气的作用。同样一句话，用不同的语调、语气会表达出完全不同的意思。它就像是一个人的表情，能让对方直接看到你的反应，进而揣测你的真实意思。那些能把人说"笑"的语言，通常是柔和甜美的。从古至今，和气待人被视为一种美德。使用柔和的语言基调是最值得提倡的一种交际方式。

莎士比亚说："要是你想要达到自己的目的地，你必须用温和一点的态度向人家问路。"柔和的语言基调，是每个人都乐意听到的，也是每个人必须追求的，尤其是刚步入社会的大学生。现在社会竞争压力大，年轻人也都是满腔热血，遇到事有时候不懂忍耐，说话时的腔调也会变得很生硬，这样很难被人接受，也就削弱了沟通的有效性。反之，语调柔和、语言含蓄、措辞委婉的说话方式会使对方感到亲切和愉悦，使交谈更容易进行下去，往往能收到意想不到的效果。这些是年轻人最应该注意的，尤其是做销售工作的人。因为柔和的语气语调更易于入耳生效，往往具有以柔克刚的征服效果。

一位家电商场的营业员遇到一位十分挑剔的女顾客。该顾客在几个剃须刀之间选来选去，选了将近一小时还没选好。营业员因为顾客太多不得不去照顾其他顾客。这位女顾客觉得自己受到冷落，

就大声指责说："你们这是什么服务态度，没看见我先来的吗？应该先为我服务，我还有急事。"

营业员赶快安排好其他顾客后说："请您原谅，我们店里生意太忙，对您服务不周到，让您久等了。"营业员诚恳的态度和温柔的语言，让那位女顾客的脸一下子红了，转而难为情地说："我的口气也不好，请你原谅。"

这位女顾客感觉受了冷落，情绪激动，如果营业员和她较真儿，后果一定不容乐观。其实，有理不在声高，不是把话说得咄咄逼人才有分量，充满尊重、宽容和理解的话语会产生一种感化力量，引起对方心理的变化，使事态朝着较好的一面发展。多使用谦敬词、礼貌用语，多用一些褒义词、中性词，语气上尽量委婉，是说话时应遵循的原则。

另外，当你和他人意见不合，又想坚持己见时，万万不可对他人讥讽嘲笑，横加指责，而应委婉地表达自己的坚定立场，这样才能避免冲突，并收到良好的效果。

1940 年，处于前线的英国已经无钱从美国"现购自运"军用物资，一些美国人便想放弃援英，他们没有看到唇亡齿寒的严重事态。罗斯福总统在记者招待会上宣传《租借法》以说服他们，为国会通过此法成功地营造了舆论氛围。

一开始，罗斯福并不是直接指责这些人目光短浅，因为这样除了会触犯众怒收到适得其反的结果外，没有任何作用。这时候的罗斯福语重心长地向大家讲解了事情的利害关系。他用通俗易懂的比喻，深入浅出地说明理由，点中要害，人们听了都心悦诚服。

这时候的罗斯福是如何妙语连珠、以理服人的？他说："如果我邻居家失火了，在四五百英尺以外，我有一截浇花园的水龙带，若给邻居拿去接上水龙头，就可能帮他把火灭掉，火势也就不会蔓延到我家。这时，我该怎么办呢？我总不能在救火之前这么跟他说吧：'喂！伙计，这管子是我花15美元买来的，你得照价付钱。'而这时，邻居又刚好没钱，那该如何是好呢？我应该不要他的15美元钱，而是让他在灭火之后还我水龙带。如果火灭了，水龙带还完好，那他就会连声道谢，并物归原主。而如果他因救火弄坏了水龙带，但答应照赔不误，现在，我拿回来的是一条仍可用的浇花园的水龙带，这样也不吃亏。"

罗斯福总统援英的决心非常坚定，但他并没有直接表达这种强硬的态度，而是用通俗的比喻来表明自己的真实想法，从而达到了较好的说服效果。

恰当运用语调和语气有助于建立起别人对你的信赖感。在与别人沟通时语气一定要轻松自然，使人产生亲切感；而语调的高低则要视情况而定，最好能与对方的语调保持一致。不要用满不在乎、含糊不清的语气说话，这样会让别人觉得你不够真诚；不要用反问、讽刺、鄙视、训斥的语气说话，这样会使人感到厌烦。在讲述一些重要的事情时，要加重语调，以给人留下深刻的印象；在想要唤起别人的注意时，可以压低声音，这会给对方以神秘感。

每个人微妙的心理变化都可以通过语气来传达，所以，在沟通时，我们要端正自己的心态，改掉直率表露的习惯。我们在语调上的高低变化则可以传达一些重要的信息，语调高的地方就是我们要说的重点，把握好说话的语调，可以让别人更清楚地明白你所说的话的意思。比如，我们在劝导别人时，要以征询的口气征求对方的意见，委婉含蓄地规劝对方，引领其改正错误；在与别人解释问题时，要尽量用第一人称来叙述，平静地表达自己的观点；在与别人谈论事情时，应该多提起对方，少提起自己；谈话时语气应当和缓委婉，不但能给人以轻松的感觉，还能使人产生信赖的心理。

当你心情不平静时，你的语调肯定也会受到影响。从一个人的语调可以看出他是一个什么样的人，是一个令人敬佩且幽默的人，还是一个阴险狡猾的人。每个人都具有不同的性格特征，我们可以从他说话的语调中看出来。

语气和语调的具体使用方法如下：

第一，明朗、低沉、愉快的语调最能吸引人。

第二，发音要清晰，这样才能让别人听懂你的意思，简单明了地表达自己的观点。

第三，语速要适当，恰如其分。要依据场面的氛围来决定自己的语速。感性的场面语速可以适当加快，理性的场面语速应相应放慢。

第四，语调要适中。语调经常过高会引起别人的反感，太低则表明信心不足，而且难以说服别人。

第五，要配合适当的笑声，让别人知道你的情绪。

第六，注意措辞，要尽量高雅，发音要准确，并有抑扬顿挫的美感。

我们在要时要多加练习，注意自己的语气和语调，久而久之，我们也会成为受欢迎的人。

第七章
要操控人心，更要赢得人心

勿以恶小而为之，勿以善小而不为。

——刘备

谁若想在困厄时得到援助，就应在平日待人以宽。

——萨迪

行一件好事，心中泰然；行一件歹事，衾影抱愧。

——申涵光

帮助别人，就是帮助自己

常言道：给人方便就是给自己方便。一个人懂得设身处地替他人着想，奉献爱心，才能得到内心的真正充实，人格的锤炼和思想境界的提高，也同样会得到爱心的关照，真情的温暖。虚伪换不来真情，冷酷换不来热忱。"有失道的因，就必定会有寡助的果。"人不能总为自己活着，要学会多替他人着想，这样自己才能活得更舒坦，更有质量。

有一个盲人在夜晚走路时，手里总是提着一个明亮的灯笼，别人看了很好奇，就问他："你自己看不见，为什么还要提灯笼走路？"

那盲人满心欢喜地说："这个道理很简单，我提灯笼并不是为自己照路，而是让别人容易看到我，不会误撞到我，这样就可保护自己的安全，也等于帮助自己。"

有位司机师傅说："以前我开车经过隧道，总是不喜欢开车灯。一来隧道不长，里面光线还不差；二来嫌麻烦，认为实在没有必要开开关关。不料有一天被迎面而来的大卡车撞了个正着，险些命丧黄泉。后来我才觉悟到，开车灯不仅是为自己照亮道路，也是给对方看的，因为车子经过隧道，对方是从亮处进入暗处，视觉难免调整不过来，加上对面来车不开灯，那实在太危险了……"

世上的朋友，在漫漫的人生道路上，自己走路是多么孤寂与危险，人有旦夕祸福，没有人知道你从何处来，又往何处去。

假如能学学提灯笼的盲人，为别人照路，也照亮自己。时时帮助和关怀别人，别人也就帮得到你，所谓为善至乐就是这个意思吧。

这样的例子在我们的生活当中到处都是，没有奋不顾身、助人为乐，哪会得到别人的帮助？

在一处古民居游览风景区，一群游客正在兴致盎然地参观清代江南某五品官遗下的豪宅。

古宅形体庞大、精巧别致，给人极大的新鲜感。

站在古宅前，游客们心里都纳闷，这宅子的屋檐设计得真怪，怎么能做成一人一个小巧的屋子？

导游小姐站在屋檐下，向游客们提出了一个问题。她指着屋檐下那间小巧的屋子，学着某电视节目主持人的语气问道："大家知道这间小屋子是干什么用的吗？"

经她这么一吊胃口，大伙的兴趣就来了，纷纷抢答。

有人说："放鞋子用的。人进屋后，把鞋子脱了搁在这里。"

有人说："训小孩用的。家里小孩犯错了就把他关在这里，闭门思过。"

有人说："雨天进门，把伞放在这。"

有人说："关鸡的。"

导游小姐抿嘴一笑，无奈地摇摇头，告诉大家："大家都没猜对。这是供路过此地的流浪汉遮风挡雨，歇脚过夜的。"游客们一时哑然。

当年主人的这个小小的善举，让我们感受到了他的宽厚与仁慈。

照亮别人，就是照亮自己，在照亮别人的同时，自己也获得了更多。只要人拥有了助人之心为他人着想，或许在自己不经意之处已获益匪浅了。

一对夫妇俩平时待人不错，在街坊邻居中极有人缘，下岗不久，便在朋友、亲属以及街坊邻居们的帮助下，在小城新兴的服装市场里开起了一家火锅店。

火锅店刚开张时，生意冷清，全靠朋友和街坊照顾，但不出三个月，夫妇俩便以待人热忱、收费公道而赢得了大批的"回头客"。火锅店的生意，也一天一天地好起来。每到吃饭的时间，小城里行乞的七八个大小乞丐，会成群结队地到他们的火锅店来行乞。

人们从未见过小城里其他店主，能够像这夫妇俩一样宽容平和地对待这些乞丐的。其他店主，一见到乞丐上门，就会拉下脸来严厉地呵斥辱骂。而这夫妇俩每次都会笑呵呵地给这些肮脏邋遢、令人厌恶的乞丐高举到面前来的那些五花八门的锅碗瓢盆中，盛满热饭热菜。

夫妇俩施舍给乞丐们的饭菜，都是从厨房盛来的新鲜饭菜，并不是那些顾客用过的残汤剩饭。而且夫妇俩在施舍乞丐的时候，没有丝毫的做作之态。他们的表情和神态十分自然，就像他们所做的这一切原本就是分内的事情，正如佛家所说的，这是一对"善心如水的夫妻"。

日子就这样一天一天地过着，一天深夜，服装市场里一家从事丝绸生意的店铺，由于老板沉迷于麻将而忘了将烧水的煤炉熄灭，从而引发一场大火，殃及了隔壁的火锅店。

这一天，恰巧丈夫去外地进货，店里只留下女人照看。一无力气二无帮手的女店主，眼看辛苦张罗起来的火锅店就要被熊熊大火所吞没。着急万分之时，只见那帮平常天天上门乞讨的乞丐，不知从哪里钻了出来，在老乞丐的率领下，冒着生命危险将那一个个笨重的液化气罐马不停蹄地搬运到了安全地段。紧接着，他们又冲进马上要被大火包围的店内，将那些易燃的桌椅及其他物品也全都搬了出来。

消防车很快开来了，火锅店由于抢救及时，只遭受了一点损失。而周围的那些店铺，却因为得不到及时的救助，货物被烧得精光。

火灾过后，人们都说是夫妇俩平时的善行得到了回报，要是没有这些平时受他们施舍的乞丐们出力，火锅店恐怕只好关张了。

古语说：善恶轮回，因果报应。其实在现实生活中，这种所谓的"因果报应"只不过是心存感激的受惠者对施惠者的一种报偿而已。

一天，一个贫穷的小男孩为了攒够学费正挨家挨户地推销商品。

劳累了一整天的他此时感到十分饥饿，但摸遍全身，却只有一角钱。怎么办呢？他决定向下一户人家讨口饭吃。

当一位美丽的女孩打开房门时，这个小男孩却有点不知所措了，他没有要饭，只乞求给他一口水喝。

这位女孩看到他很饥饿的样子，就拿了一大杯牛奶给他。

男孩慢慢地喝完牛奶，问道："我应该付多少钱？"

女孩回答道："一分钱也不用付。妈妈教导我们，施以爱心，不图回报。"

男孩说："那么，就请接受我由衷的感谢吧！"

说完，男孩离开了这户人家。此时，他不仅感到自己浑身是劲儿，而且还看到上帝正朝他点头微笑。

其实，男孩本来是打算退学的。

数年之后，那位年轻女子得了一种罕见的骨瘤，当地的医生对此束手无策。最后，她被转到大城市医治，由专家会诊治疗。当年的那个小男孩如今已是大名鼎鼎的霍华德·凯利医生了，他也参与了医治方案的制定。当看到病历上所写的病人的来历时，一个奇怪的念头霎时间闪过他的脑海。他马上起身直奔病房。

来到病房，凯利医生一眼就认出床上躺着的病人就是那位曾帮助过他的恩人。他回到自己的办公室，决心一定要竭尽所能来治好恩人的病。

从那天起，他就特别地关照这个病人。经过他不懈地努力，多次修改治疗方案，手术终于成功了。凯利医生要求把医药费通知单送到他那里，在通知单的旁边，他签了字。

当医药费通知单送到这位特殊的病人手中时，她不敢看，因为她确信，治病的费用将会花去她的全部积蓄。

最后，她还是鼓起勇气，翻开了医药费通知单，旁边的那行小字引起了她的注意，她不禁轻声读了出来：

"医药费——满杯牛奶。

霍华德·凯利医生"

助人即助己，有一个小故事讲得更让人惊心动魄。

在一场激烈的战斗中，上尉忽然发现一架敌机向阵地俯冲下来。

照常理，发现敌机俯冲时要毫不犹豫地卧倒。可上尉并没有立刻卧倒，因为他发现离他四五米远处有一个小战士还站在那儿。

他顾不上多想，一个鱼跃飞身将小战士紧紧地压在了身下。

此时一声巨响，飞溅起来的泥土纷纷落在他们的身上。上尉拍拍身上的尘土，回头一看，顿时惊呆了，刚才自己所站的那个位置被炸成一个大坑。

故事中的小战士是幸运的，但更加幸运的是故事中的上尉，因为他在帮助别人的同时也救了自己！

在前进的道路上，搬开别人脚下的绊脚石，有时却恰恰能为自己铺路。

多点爱心，人生才会更美丽

有这么一个故事：

在暴风雨后的一个早晨，一个男人来到海边散步。他一边沿海边走着，一边注意到，在沙滩的浅水洼里，有许多被昨夜的暴风雨卷上岸来的小鱼。它们被困在浅水洼里，回不了大海，虽然近在咫尺。被困的小鱼，也许有几百条，甚至几千条。用不了多久，浅水洼里的水就会被沙粒吸干，被太阳蒸干，这些小鱼都会干死。

男人继续朝前走着。他忽然看见前面有一个小男孩，走得很慢，而且不停地在每一个水洼旁弯下腰去——他在捡起水洼里的小鱼，并且用力把它们扔回大海。这个男人停下来，注视着这个小男孩，看他一条一条地拯救着小鱼的生命。

终于，这个男人忍不住走过去："孩子，这水洼里有几百几千条小鱼，你救不过来的。"

"我知道。"小男孩头也不抬地回答。

"哦！那你为什么还在扔？谁在乎呢？"

"这条小鱼在乎！"男孩儿一边回答，一边继续拾起一条鱼扔进大海。"这条在乎，这条也在乎！还有这一条、这一条、这一条……"

这个故事曾感动了不少人，因为这男孩的爱心，使这片海滩变得更美丽了。

爱心是一种无与伦比的力量，它可以征服整个世界。有一个科幻故事，外星人来到地球之后，他们立刻发明了一种控制地球人的方法，就是让对方对他产生爱意，付出爱心。

下面有两个非常相似的故事，似乎都在印证爱心的力量。

一位犯人越狱了，在亡命途中，他大肆抢劫钱财，准备外逃。在抢得足够的钱财后，他乘上开往边境的火车。火车上很挤，他只好站在厕所旁。

这时，一位漂亮的姑娘走进厕所，关门时却发现门扣坏了。她走出来，轻声对他说："先生，你能为我把门吗？"

他一愣，看着姑娘纯洁无邪的眼神，点点头。他像一位忠诚的卫士一样，严严地守着门。在这一刹那，他突然改变了主意：下一站下车去投案自首。

一位佛教大师，在战乱的年代出家做了和尚，虽然他已参透世俗的甘苦，还是难掩自己对母亲的怀念。他回到遥远的家乡，见到自己的母亲，心存感谢之意，却因方言的因素，导致两人沟通上出了问题，情意的表达受到阻碍。虽是如此，大师仍捐助了一笔钱，帮助地方教育的发展。大师对家乡的信众讲完话之后，面对自己的母亲，却迟迟无法说出一句话，其高龄的母亲却冷静地说：

"他已不是我的孩子，我早就把我的孩子给了你们。"

她一语道尽了那份"舍己"的仁慈之爱。

另一位学者，当年在日本攻读博士学位时，生活十分窘迫，经济上备受压力，正在他担心是否能完成学业之际，有一位无名氏先生馈赠了一笔金钱，义助他完成学业。数十年之后，他终于知道当年的无名氏先生是一位事业有成的企业家，他想要向他致谢，而这位恩人则说：

"我已不记得有这么一回事了。"恩人一句话，使他更坚定了要将所受到的恩惠献身于大众的决心。

还有一则故事，是发生在美国洛杉矶市的一件真实事件。

一位劫匪在抢劫银行时被警察包围，无路可退。情急之下，劫匪顺手从人群中拉过一个人当人质。他用枪顶着人质的头部，威胁警察不要走近，并且喝令人质要听从他的命令。

警察四散包围，但不敢离去。劫匪挟持人质向外突围。突然人质大声呻吟起来。劫匪忙喝令人质住口，但人质的呻吟声越来越大，最后竟然成了痛苦的呐喊。

劫匪在慌乱之中才注意到人质原来是一个孕妇，她痛苦的声音和表情证明她在极度惊吓之下马上要分娩了。鲜血已经染红了孕妇的衣服，情况十分危急。

一边是漫长无期的牢狱之灾，另一边是一条即将出生的生命。劫匪犹豫了，选择一个便意味着放弃另一个，而每一个选择都是无比艰难的。周围的人群，包括警察在内都注视着劫匪的一举一动，因为劫匪目前的选择是一种良心、道德与金钱、罪恶的心理较量。

终于，劫匪缓缓放下了手——并将枪扔在了地上，随即举起了双手。警察一拥而上。围观者竟然响起了掌声。

孕妇已不能自持,众人要送她去医院。已戴上手铐的劫匪忽然说:"请等一等,好吗?我是医生!"警察迟疑了一下,劫匪继续说,"孕妇已无法坚持到医院,随时会有生命危险,请相信我!"警察最终打开了劫匪的手铐。

不一会儿,一声洪亮的啼哭声惊动了所有听到它的人,人们高呼万岁,相互拥抱。劫匪双手沾满鲜血——是一个崭新生命的鲜血,而不是罪恶的鲜血。他的脸上挂着职业的满足和微笑。人们向他致意,忘了他是一个劫匪。

警察将手铐戴在他手上时,他说:"谢谢你们让我尽了一个医生的职责,这个小生命是我从医以来第一个从我枪口下出生的婴儿,他的勇敢征服了我。我现在希望自己不是劫匪,而是一名救死扶伤的医生。"

由于这一点爱心,使人们感到这个劫匪不再丑陋,反倒是从心中涌起几分敬意,甚至对他抢劫银行的动机也进行了各种善意的猜测。

多点爱心,人生才会更美丽。

宽容大度,更得人心

三国时,官渡之战刚刚打完,一天曹军在清点战果的时候,一位官员抱着一大捆信件,急匆匆地来向曹操汇报,袁绍仓皇逃走,扔下不少东西,其中有一批书信,是京城和曹营中的一些人,暗地里写给袁绍的。

曹操微微一笑,开口说:"把这些信统统烧了。"

这个命令，使在场的人都惊愕了。

"不查了？"有人轻声地问道。

"是的，请你们想想，当时袁绍力量那么强大，连我都感到不能自保，何况大家呢？"

经曹操这么一说，在场的人都觉得在理。

这件事传出去，那些暗通袁绍的人才放下了心里的一块大石头，其他人也觉得曹操度量大，体恤部下，能够容人，都愿意在他的麾下效力，曹军的军心更振奋了。

大度容人，给大家多留一条路，其实，这更是给自己留出了更大的空间，雄浑的气度是自己最大的财富和资本。

以上是历史名人的故事，大家或许以为只有伟人的大度才动人。其实，许多平凡人的恢宏气概更让人敬佩。

1994 年 9 月的一天，在意大利境内的一条高速公路上，一对来旅游的美国夫妇带着 7 岁的儿子尼古拉斯·格林正驾车向一个旅游胜地进发。突然，一辆菲亚特轿车超过他们，车厢内伸出几支枪管，一阵射击之后，他们的儿子中弹身亡。

这对夫妇本该痛恨这个国家，因为在这片土地上他们失去了爱子。可是，悲伤过后，他们做出一个令人震惊的决定——把儿子健康的器官捐献给意大利人！在意大利，即使是正常死亡的本国公民自愿捐献器官的也很罕见，更不要说这样非正常死亡的外国人了。

于是，一个 15 岁的少年接受了尼古拉斯的心脏，一个 19 岁的少女得到了他的肝，一个 20 岁的妇女换上了他的胃，另两个孩子分别得到了他的两个肾。5 个意大利人在这份生命的馈赠中得救了。

这件轰动一时的事足以令所有的意大利人汗颜。1994 年 10 月 4 日，意大利总统斯卡尔法罗将一枚金质奖章授予这对美国夫妇，褒奖他们海纳百川的胸怀以及悲天悯人的情操，还有以德报怨的人生境界。

这对美国夫妇为人们做了一个气度恢宏的榜样。他们的爱子在异国无辜暴死，可他们的理智却熄灭了仇恨的烈焰，并毅然做出了惊世骇俗的决定，使 5 个年轻人获得了重生，使冤死的儿子永远活在意大利人的心中！

多一分宽容，为人生注入更新的内容，你恢宏的气度将给生命加重分量。

仁者无敌，善缘获取人心

仁者之所以无敌，是因为人人都有向善的本性，以这种本性可以感化所有的人。

一丝仁德之念，一点仁德之行，可以帮助你成为仁人志士，并在你不期然之间获得报答。

孔子在卫国做官，弟子高柴为刑部的官吏。一日，高柴审判并裁定一名犯人，处以削足之刑，刑后的犯人做守城的差役。

后来，有人向卫王告密说：孔子要谋反。卫王下令逮捕孔子一干人等。孔子闻讯立刻逃往他国，其弟子也各自逃生。高柴怕受牵连，也欲逃出城去，却不知途径，这时，一差役领着他进入秘密通道，高柴才得以逃脱。高柴正欲感谢差役的救命之恩，猛然发现，这名差役正是被自己判处削足之刑的犯人。这名差役不计前嫌，以"德"报怨，使高柴骇然，问其原委，这个守门人说：

"我受削足之刑，是罪有应得。当年您判我有罪并处以削足之刑时，您眼中流露出的哀怜及脸上闪现的悲戚之情，至今我谨记在心，不敢一日或忘。现在我救您出关，只不过是回报您的德爱而已。"

从这个故事中，可以进一步认识"仁爱之心"的巨大力量，这种力量也体现了中国传统的以柔克刚的深刻智慧。

"仁爱之心"还体现在广结善缘，以善良之心待人。不得人心，往往败局难逃；施恩于人，则效益难以估量。

孟尝君以养士而闻名。一次，他的门客冯谖到孟尝君封地（薛地）收债，他收上了能偿还者的债契，不能偿还者，他一一验证了契券后，出人意料地大声宣布："所有债务全部免除。"伴随着一阵青烟，契券被付之一炬。"孟尝君万岁！"面带喜色的债民们情不自禁地喊出了口号。

这是春秋时冯谖以门客的身份，矫命为孟尝君"市义"的一个场面。

冯谖此举，并非全是为了民生之苦，而是富有远见地为孟尝君留取资本，后来的事实也验证了这一点。

齐国新王即位，孟尝君失宠，由国都被逐往薛地。在凄惶茫然之时，见封地的百姓们成群结队到百里之外的大路上跪迎他。

在薛地，孟尝君受到的拥戴使齐王震惊，齐王因此向孟尝君道歉。一年后，齐王居然答应将宗庙建在薛地，以隆重礼节迎孟尝君回国都做相。

俗话说：多栽花，少种刺；多铺路，少拆桥。冯谖所为，实不难让人领悟其中所蕴含的智慧和心术。

春秋时期，宋国的公子鲍有篡权之心，又怕国人不拥护自己，就倾其所有的财物发给平民百姓，以此换取国人的支持。他规定：七十岁以上的老者，每人每月发给五匹丝帛；有一技之长的人，都招来门下安排工作；遇上荒年，拿出仓库的粮食救济饥民。他还动员其母襄夫人拿出自己的积蓄从旁佐助。宋国的百姓欢呼雀跃，都愿拥戴公子鲍为国君。

不久，宋昭公出外打猎，公子鲍乘机发动了政变，获取了君位。晋国为诸侯之霸主，率领众诸侯讨伐时，见百姓对其爱戴异常，非兵戈所能胁从，无奈只好承认其君位，无功而返。

公子鲍获得的是广结善缘、收揽人心的重大效益。

古代为政者，正直之士以民生社稷利益为本，此举当是应具之德，但对于深谙权术者，这则成为投机之捷径。

同样的道理，在我们的日常生活中，仁慈的人往往能够获得更多人的支持和信赖。

不计私怨，赢得尊重与爱戴

海尔曼博士是一位医术高超、医德高尚的大夫，他的诊所远近闻名，在布拉沙市里没有人不知道海尔曼和他的诊所的。海尔曼是个倔老头，倔得像他那把用最好的钢材做成的手术刀一样坚硬锋利。

一天夜里，他的诊所被一个小偷撬开，仅有的一点现金和几样珍贵的药物都被小偷放在提兜里准备带走。不料，小偷在慌忙中撞倒了吊瓶支架，又被氧气罐绊倒，摔折了大腿，要跑也爬不起来了。这时，海尔曼和助手从楼上下来，助手说："打电话让警察把他带走吧！"

"不，在我诊所的病人不能这样出去。"海尔曼把小偷抬上手术台，连夜给他做了手术，并打上了石膏绷带，一直把他留在诊所里，直到把他彻底治好才交给了警察。

助手说："他偷了您的财物，您怎么还如此给他治疗呢？"

"救死扶伤是医生的天职。"

小偷自然万分感激，但在医生将他交给警察前，他恳求把他放了。他说："海尔曼博士，您不愧是上帝的儿子，我愿再次得到您的拯救，不到那阴森的牢房里去领面包。"海尔曼博士两手一摊说："先生，对您的这个要求，我这把手术刀就无能为力了。"

又一天，一个女人护送一位车祸中受重伤的人来诊所。海尔曼一愣：啊，是她？她早已徐娘半老，怎么仍这般漂亮？这是他被人夺去的爱妻，至今她在他的眼里，仍然具有不可替代的魅力。

女人泪流满面地说："海尔曼，亲爱的海尔曼，你还恨我吗？……为了拯救他的生命，我不得不来求你，你是全市唯一能给他做手术的人。"

受重伤的人是他原来爱妻的后夫，就是这个人把她夺去了，当时差点同他进行古老的决斗。

"亲爱的海尔曼，我和他都对不起你，可是我们遇了难……但愿你的手术刀不带着往日的仇恨。"

　　海尔曼曾经受过他们的侮辱，现在在这种场合重逢，他不由得心潮起伏，思绪万千。

　　海尔曼的情敌列夫斯基一直处于昏迷状态，在进了手术室时才清醒过来，当他看清拿着手术刀的是海尔曼，不由大吃一惊，连忙挣扎着要起来。

　　"老实躺好，这是上帝的安排。你是我永远难以宽恕的情敌，你又是我现在必须抢救的患者。"

　　为了给他做修补颅骨的手术，海尔曼站了十多个小时，最后晕倒在手术台旁。

　　列夫斯基伤愈后，夫妻俩在海尔曼面前愧悔地说："如果您不嫌弃，我们愿意为服侍您而献出余生。"

　　海尔曼说："医生在手术时尽力，只是他的天职，此时我可以忘记个人恩怨。"

　　一个人，只有秉公做事，不计较私人的恩怨，才能真正赢得人们的爱戴。